高等院校电子商务职业细分化创新型规划教材

Photoshop CC
淘宝网店设计与装修
实战

◉ 周建国 仲蓬 主编

◉ 王睿 黄丽霞 徐征 副主编

U0212946

人民邮电出版社

北 京

图书在版编目（CIP）数据

Photoshop CC淘宝网店设计与装修实战 / 周建国,
仲蓬主编. -- 北京 : 人民邮电出版社, 2018.1（2023.2重印）
高等院校电子商务职业细分化创新型规划教材
ISBN 978-7-115-46866-6

Ⅰ. ①P… Ⅱ. ①周… ②仲… Ⅲ. ①图象处理软件－
高等学校－教材 Ⅳ. ①TP391.413

中国版本图书馆CIP数据核字(2017)第260869号

内 容 提 要

　　本书结合电子商务的行业特点，紧扣网店美工的职业技能要求，系统地讲解了作为一名网店美工或淘宝店主在处理商品图片和进行网店装修时必须掌握的专业知识和实操技能。本书将知识讲解与案例说明相结合，实用性强，并且内容浅显易懂，循序渐进，利于读者理解和掌握。

　　全书共分为 9 章，第 1～5 章主要介绍 Photoshop 软件的基本知识和操作方法，使用 Photoshop 对商品图片进行裁剪和抠图的方法，调整图片色彩以及修饰图片的方法与技巧，在商品图片设计过程中文字的应用技巧，合成图片和制作特效的方法和技巧。第 6～9 章的内容主要包括网店首页和网店详情页中各个模块的设计规范、技巧，以及设计与制作过程。

　　本书可作为高等院校电子商务专业学生的教材，也可供网店美工、淘宝店主等相关从业人员学习和参考。希望读者通过学习本书，能够设计、装修出独具风格的高品质店铺，从而有效提升网店的销量。

◆ 主　　编　周建国　仲　蓬
　　副主编　王　睿　黄丽霞　徐　征
　　责任编辑　朱海昀
　　责任印制　马振武

◆ 人民邮电出版社出版发行　　北京市丰台区成寿寺路 11 号
　邮编　100164　电子邮件　315@ptpress.com.cn
　网址　http://www.ptpress.com.cn
　北京天宇星印刷厂印刷

◆ 开本：700×1000　1/16
　印张：13.25　　　　　　　2018 年 1 月第 1 版
　字数：272 千字　　　　　　2023 年 2 月北京第 8 次印刷

定价：59.80 元

读者服务热线：(010)81055256　印装质量热线：(010)81055316
反盗版热线：(010)81055315
广告经营许可证：京东市监广登字 20170147 号

前言 PREFACE

随着电子商务行业的快速发展，电子商务企业的迅速增长，网店之间的竞争日益激烈。要想使自己的网店在众多商家中脱颖而出并且树立独有的风格，网店装修是必不可少的技能。网店装修直接关系到买家对于网店的关注度、购买欲望以及网店的品牌形象。

本书以应用性和实用性为原则，以美化网店商品图片的专业基础知识和实操技能为基础，以网店装修的实战方法和技巧为精髓，共分为9章。第1章"网店装修必备利器——Photoshop"介绍Photoshop的相关知识和基本操作方法，帮助读者在处理商品图片的过程中快速定位，并完成图片的处理。第2章"让商品图片更抢眼"介绍使用Photoshop对商品图片进行裁剪和抠图的操作方法。第3章"让商品图片更靓丽"介绍调整图片色彩以及修饰图片的方法与技巧，以弥补图片拍摄时的不足之处。第4章"让商品信息传递更准确"介绍在商品图片设计过程中文字的应用技巧。第5章"快速激发买家的购买欲望"介绍使用Photoshop合成图片和制作特效的方法和技巧，从而更好地突出商品，吸引买家。第6章"网店首页各模块的设计"遵循网店装修顺序分别介绍网店首页中各个模块的设计规范与技巧。第7章"网店首页整体设计"是以网店制作实例详细讲解了网店首页装修的设计与制作过程。第8章"商品详情页面各模块设计"介绍了网店详情页中各模块的设计规范与设计技巧。第9章"商品详情页面整体设计"以网店制作实例详细讲解了网店详情页的设计与制作过程。通过本书的学习，读者可以应用所学知识和技能装修出独具风格、吸引买家眼球的店铺，从而有效提升网店访问量、浏览量和销售量。

本书具有完整的体系结构，且内容丰富、深入浅出、图文并茂，紧扣工作实际需求，也易于教与学。本书配备了PPT、教案、素材等丰富的教学资源，读者可登录人民邮电出版社教育社区网址（www.ryjiaoyu.com）免费下载使用。

本书由周建国、仲蓬担任主编，由王睿、黄丽霞、徐征担任副主编。尽管编者在写作过程中力求准确、完善，但书中难免有疏漏与不足之处，恳请广大读者批评指正。

编　者
2017年9月

CONTENTS

第1章 网店装修必备
利器——Photoshop

■ 1.1 │ 初识Photoshop 1
　1.1.1　功能介绍 1
　1.1.2　界面介绍 1
■ 1.2 │ 掌握基础操作 2
　1.2.1　新建图像 2
　1.2.2　打开图像 3
　1.2.3　保存图像 3
　1.2.4　关闭图像 3
　1.2.5　缩放图像 4
　1.2.6　抓手工具 6
　1.2.7　调整图像大小 6
　1.2.8　设置绘图颜色 7
　1.2.9　恢复操作的应用............10
■ 1.3 │ 认识图层 11
　1.3.1　新建图层 11
　1.3.2　复制图层 12
　1.3.3　删除图层 13
　1.3.4　图层的显示 13
　1.3.5　图层的选择 14
　1.3.6　图层的链接 14
　1.3.7　图层的排列 14
　1.3.8　新建图层组..................15
　1.3.9　合并图层 16
■ 1.4 │ 课后习题 16

第2章 让商品图片更抢眼

■ 2.1 │ 商品图片的二次构图..... 17
　2.1.1　突出图片中的商品——
　　　　图片的裁剪 17
　2.1.2　让商品端正展示——矫正
　　　　拍歪的图片 18
■ 2.2 │ 分离图片 19
　2.2.1　快速将商品框选出来——
　　　　规则形状抠图 19
　2.2.2　选取商品一点即可——
　　　　单色背景抠图 20
　2.2.3　勾勒商品主体轮廓——
　　　　复杂背景抠图 22
　2.2.4　让合成的图片更加精致
　　　　——精细背景抠图 24
　2.2.5　让模特毫发无损——头发
　　　　的抠取 25
　2.2.6　让商品保留剔透感——
　　　　半透明商品的抠取 28
■ 2.3 │ 课后习题1——矫正拍歪
　的商品图片 28
■ 2.4 │ 课后习题2——抠取商品
　主体 29

第3章 让商品图片更靓丽

■ 3.1 │ 让色彩掌控画面 30

3.1.1 让照片摆脱灰暗——调整
曝光不足的照片.............30

3.1.2 恢复商品的本色——处理
偏色的照片.................32

3.1.3 提升商品的温暖感——
调节照片的色调.............33

3.1.4 让玻璃制品更晶莹剔透
——调整照片的质感......37

3.1.5 让商品色彩更浓郁——
调整照片的饱和度.........38

■ **3.2** 让图片细节更完美........ **38**

3.2.1 让挂拍的服装更美观
——去掉商品挂钩.........38

3.2.2 让模特完美变身——瘦身
与美容 40

3.2.3 让商品完美无瑕——清除
商品上的灰尘 43

3.2.4 让眼睛更加清澈——去除
红血丝 43

■ **3.3** 课后习题1——调整偏色
的商品图片 **45**

■ **3.4** 课后习题2——调整曝光
不足的商品图片 **45**

第4章 **让商品信息传递更准确**

■ **4.1** 文字的编排原则 **46**

■ **4.2** 文字的编排 **46**

4.2.1 让文字嵌入商品图片
——文字的输入与设置...46

4.2.2 让文字更具创造力——
文字的变形处理............51

4.2.3 用文字营造气氛——文字
的艺术化编排 55

■ **4.3** 课后习题1——制作网页
服饰广告 **64**

■ **4.4** 课后习题2——制作春夏
新品上市广告.............. **64**

第5章 **快速激发买家的购买
欲望**

■ **5.1** 拼合出来的商品魅力 **65**

5.1.1 让画面更加丰富——添加
装饰元素 65

5.1.2 避免商品图片被盗——
添加水印 68

5.1.3 让商品装饰更精美——
添加边框 69

5.1.4 让商品适应环境——添加
倒影.........................73

5.1.5 让画面视觉冲击力更强
——制作高清效果.........75

5.1.6 捆绑销售——合成商品
搭配.........................79

■ **5.2** 吸引眼球的特效 **83**

5.2.1 让商品发光发亮——制作
绚丽的耀斑效果............83

5.2.2 让商品更加突出——模拟
小景深效果.................88

5.2.3 让商品更加灵动——制作
萦绕的光线效果............89

5.2.4 突出商品取暖性能
——制作火焰效果........91

5.2.5 让商品更加闪亮——添加
闪烁点................94

■ 5.3 │ 课后习题1——制作
粒子光效果 96

■ 5.4 │ 课后习题2——制作眼妆
广告 97

第6章 网店首页各模块的
设计

■ 6.1 │ 店招与导航条的
设计 98

6.1.1 店招与导航条的设计
规范....................99

6.1.2 店招与导航条的视觉
设计....................99

6.1.3 店招和导航条的设计
案例...................100

■ 6.2 │ 首页海报的设计 105

6.2.1 首页海报的设计规范 ...105

6.2.2 首页海报的视觉设计 ...105

6.2.3 首页海报的设计案例 ...108

■ 6.3 │ 页中分类引导的设计 ...113

6.3.1 页中分类引导的设计
规范...................113

6.3.2 页中分类引导的设计
案例...................113

■ 6.4 │ 商品陈列展示区的
设计 115

6.4.1 商品陈列展示区的设计
规范...................115

6.4.2 商品陈列展示区的布局
方式...................115

6.4.3 商品陈列展示区的设计
案例...................116

■ 6.5 │ 客服区的设计.............119

6.5.1 客服区的设计规范.......120

6.5.2 客服区的创意表现.......120

6.5.3 客服区的设计案例.......120

■ 6.6 │ 收藏区的设计............ 124

6.6.1 收藏区的设计规范.......124

6.6.2 收藏区的设计案例.......125

■ 6.7 │ 页尾的设计 127

6.7.1 页尾设计的设计规范 ...127

6.7.2 页尾设计的设计案例 ...128

■ 6.8 │ 课后习题1——设计制作
店招和导航条............ 132

■ 6.9 │ 课后习题2——设计制作
女装店的首页海报 132

第7章 网店首页整体设计

■ 7.1 │ 服装类网店首页的设计
与制作 133

7.1.1 案例分析 133

7.1.2 案例制作 134

■ 7.2 │ 化妆品类网店首页的设计
与制作 144

7.2.1　案例分析 144

7.2.2　案例制作 145

■ **7.3** │ 课后习题——制作珠宝
　　　首饰网店首页.............**166**

第8章　**商品详情页面各模块
设计**

■ **8.1** │ 商品橱窗区 **168**

8.1.1　商品主图的设计规范 ...168

8.1.2　商品主图素材的选择 ...168

8.1.3　添加文案 168

8.1.4　增加图片质感 168

8.1.5　添加场景 169

8.1.6　商品主图设计案例.......169

■ **8.2** │ 悬浮导航区 **173**

■ **8.3** │ 商品描述区 **174**

8.3.1　广告海报 174

8.3.2　商品概述 175

8.3.3　商品展示 175

8.3.4　细节展示 176

■ **8.4** │ 课后习题1——设计制作
　　　商品主图.................. **176**

■ **8.5** │ 课后习题2——设计制作
　　　商品描述区中的广告
　　　海报 177

第9章　**商品详情页面整体
设计**

■ **9.1** │ 服装类网店详情页的设计
　　　与制作 **178**

9.1.1　案例分析 178

9.1.2　案例制作 179

■ **9.2** │ 化妆品类网店详情页的
　　　设计与制作 **187**

9.2.1　案例分析 187

9.2.2　案例制作 188

■ **9.3** │ 课后习题——制作女式
　　　箱包网店详情页 **204**

第1章
网店装修必备利器——Photoshop

本章介绍Photoshop软件的相关知识和基本操作方法。通过本章的学习，有助于读者对Photoshop的多种功能有一个大体的了解，进而在处理商品图像的过程中快速地定位，并应用相应的知识点完成图像的处理。

学习目标

① 熟练掌握Photoshop软件的工作界面和基本操作
② 掌握绘图颜色的设置方法
③ 掌握恢复操作的应用技巧
④ 掌握图层的基本操作方法

1.1 初识Photoshop

Photoshop是由Adobe公司开发的图形图像处理和编辑软件。它功能强大，易学易用，是专业设计人员的首选软件之一，也是网店装修时最常用的一个专业设计软件。

1.1.1 功能介绍

Photoshop具有强大的图像编辑和修饰功能，其核心内容包括图像的抠取、修饰、调色、合成等功能。编辑和修饰图像是图像处理的基础，可以对图像进行缩放、旋转、斜切、翻转、透视和变形等基本操作，也可以对图像进行复制、删除、去除斑点、修补、修饰图像的残损等操作，以便去除人像上不满意的部分，并进行美化加工，得到让人满意的效果。图像合成则是将几张图片通过图层操作、工具应用合成为完整的、传达明确意义的图像。Photoshop提供的绘图工具将外来图像与创意很好地融合，可以使图像的合成天衣无缝。校色、调色是Photoshop中深具威力的功能之一，可以方便快捷地对图像的颜色进行明暗、色调的调整和校正。

1.1.2 界面介绍

熟悉工作界面是学习Photoshop的基础。Photoshop的工作界面主要由"菜单栏""属性栏""工具箱""控制面板"和"状态栏"组成，如图1-1所示。

1. 菜单栏

菜单栏共包含11个菜单命令。利用菜单命令可以完成编辑图像、调整色彩和添加滤镜效果等操作。

图1-1

2. 属性栏

属性栏是工具箱中各个工具的功能扩展。通过在属性栏中设置不同的选项，可以快速地完成多样化的操作。

3. 工具箱

工具箱中包含了多种工具。通过不同的工具，可以完成对图像的绘制、观察和测量等操作。

4. 控制面板

控制面板是Photoshop的重要组成部分。通过不同的功能面板，可以在图像中完成填充颜色、设置图层、添加样式等操作。

5. 状态栏

状态栏可以提供当前文件的显示比例、文档大小、当前工具和暂存盘大小等信息。

1.2 掌握基础操作

1.2.1 新建图像

新建图像是使用Photoshop进行设计的第一步。

选择"文件 > 新建"命令，或按"Ctrl+N"组合键，弹出"新建"对话框，如图1-2所示。在对话框中可以设置新建图像的名称、宽度、高度、分辨率和颜色模式等选项，设置完成后单击"确定"按钮，即可完成新建图像的操作，如图1-3所示。

图1-2

图1-3

在"新建"对话框中，"名称"选项的文本框用于输入新建图像的文件名；"预设"选项的下拉列表用于自定义或选择其他固定格式文件的大小；"宽度"和"高度"选项的数值框用于输入需要设置的宽度和高度的数值；"分辨率"选项的数值框用于输入需要设置的分辨率的数值；"颜色模式"选项的下拉列表用于选择文件的颜色模式；"背景内容"选项的下拉列表用于设定图像的背景颜色。右侧"图像大小"下面显示的是当前文件的大小。

单击"高级"按钮 ∞，弹出新选项，通过"颜色配置文件"选项的下拉列表可以设置文件的色彩配置方式；通过"像素长宽比"选项的下拉列表可以设置文件中像素比的方式。

》》 1.2.2　打开图像

如果要对照片或图片进行修改和处理，就需要在Photoshop中打开相应图像。

选择"文件 > 打开"命令，或按"Ctrl+O"组合键，或直接在Photoshop灰色的工作区中双击鼠标左键，弹出"打开"对话框，如图1-4所示。在对话框中搜索路径和文件，确认文件类型和名称，通过Photoshop提供的预览缩略图选择文件，然后单击"打开"按钮，或直接双击文件，即可打开所指定的图像文件，如图1-5所示。

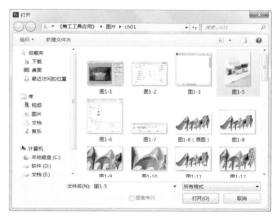

图1-4　　　　　　　　　　　　　　　　　图1-5

》》 1.2.3　保存图像

编辑和制作完图像后，就需要将图像进行保存，以便下次打开文件继续操作。

选择"文件 > 存储"命令，或按"Ctrl+S"组合键，可以存储图像。当对设计好的作品进行第一次存储时，启用"存储"命令，将弹出"另存为"对话框，如图1-6所示。在对话框中输入文件名，选择文件格式后，单击"保存"按钮，即可将图像保存。

》》 1.2.4　关闭图像

将图像进行存储后，可以将其关闭。

选择"文件 > 关闭"命令，或按"Ctrl+W"组合键，或单击图像窗口右上方的"关闭"按钮 ，即可关闭图像。关闭图像时，若当前文件被修改过或是新建的文件，则会弹出提示框，如图1-7所示，询问用户是否进行保存，若单击"是"按钮，则存储并关闭图像。

图1-6 图1-7

如果要将打开的图像全部关闭，可以选择"文件 > 关闭全部"命令。

1.2.5 缩放图像

1. 100%显示图像

100%显示图像，如图1-8所示，在此状态下可以对文件进行精确编辑。

2. 放大显示图像

放大显示图像有利于观察图像的局部细节并更准确地编辑图像。放大显示图像，有以下两种方法。

（1）使用"缩放"工具：打开一幅图片，选择"缩放"工具，图像中鼠标指针变为放大图标，每单击一次鼠标，图像就会放大一倍。

例如，当图像以100%的比例显示时，用鼠标在图像窗口中单击一次，图像则以200%的比例显示，如图1-9所示；再单击一次，图像则以300%的比例显示，如图1-10所示。

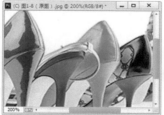
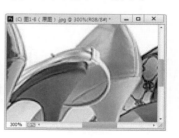

图1-8 图1-9 图1-10

当要放大一个指定的区域时，首先在属性栏中取消勾选"细微缩放"复选框，然后在图像中适当的位置单击并按住鼠标不放，向右下角拖曳鼠标，使画出的矩形框选出所需的区域，如图1-11所示，最后松开鼠标左键，这个区域就会放大显示并填满图像窗口，如图1-12所示。

图1-11

图1-12

（2）使用快捷键：按Ctrl+"+"组合键，可逐次放大图像。

3. 缩小显示图像

缩小显示图像，一方面可以用有限的屏幕空间显示出更多的图像，另一方面可以看到一个较大图像的全貌。缩小显示图像，有以下两种方法。

（1）使用"缩放"工具 🔍：选择"缩放"工具 🔍，图像中鼠标指针变为放大 ⊕ 图标，按住"Alt"键，放大 ⊕ 图标变为缩小 ⊖ 图标，每单击一次鼠标，图像将缩小一半。

例如，图像放大显示在屏幕上，如图1-13所示，按住"Alt"键的同时，在图像窗口中连续单击，可逐次缩小显示图像，如图1-14所示。也可以在"缩放"工具属性栏中，单击"缩小"按钮 🔍，如图1-15所示，则图像中鼠标指针变为缩小 ⊖ 图标，每单击一次鼠标，图像将缩小一半。

图1-13

图1-14

图1-15

（2）使用快捷键：按Ctrl+"–"组合键，可逐次缩小图像。

4. 全屏显示图像

如果要将图像的窗口放大到填满整个屏幕，可以在"缩放"工具属性栏中单击"适合屏幕"按钮 适合屏幕 ，再勾选"调整窗口大小以满屏显示"复选框，如图1-16所示。这样在放大图像时，窗口就会和屏幕的尺寸相适应。

图1-16

单击"100%"按钮 100% ，图像将以实际像素比例显示。

单击"填充屏幕"按钮 填充屏幕 ，缩放图像以适合屏幕。

1.2.6 抓手工具

为了观察图片的细节，需要将图片进行放大显示。放大后图像窗口无法将图片全部显示完整，这时使用抓手工具，就可以观察到图片各个区域的细节。

打开一幅图片，将其放大显示。选择"抓手"工具 ，在图像中鼠标指针变为抓手 图标，如图1-17所示，用鼠标拖曳图像，可以观察图像的每个部分，如图1-18所示。

图1-17 图1-18

1.2.7 调整图像大小

淘宝中图片上传所要求的图像大小最大不能超过3MB，有的只能在200KB以内，而用专业数码相机拍摄出来的原始图片都很大，因此，就需要对图片的大小进行调整，改变图片的分辨率。

打开一幅图片，选择"图像 > 图像大小"命令，弹出"图像大小"对话框，如图1-19所示。

图1-19

图像大小：通过改变"宽度""高度"和"分辨率"选项的数值，改变图像的文档大小，图像的尺寸也相应改变。

缩放样式 ：勾选"缩放样式"选项后，若在图像操作中添加了图层样式，可以在调整大小时自动缩放样式大小。

尺寸：指图像的宽度和高度的总像素数，单击尺寸右侧的按钮▼，可以改变计量单位。

调整为：指选取预设以调整图像大小。

约束比例⦚：单击"宽度"和"高度"选项左侧出现锁链标志⦚，表示改变其中一项设置时，两项会成比例地同时改变。

分辨率：指位图图像中的细节精细度，计量单位是像素/英寸，每英寸（1英寸=2.54厘米）的像素越多，分辨率越高。

重新采样：不勾选此复选框，尺寸的数值将不会改变，"宽度""高度"和"分辨率"选项左侧将出现锁链标志⦚，改变任一项数值时，这三项数值会同时改变，如图1-20所示。

图1-20

在"图像大小"对话框中可以改变选项数值的计量单位，在选项右侧的下拉列表中进行选择，如图1-21所示。单击"调整为"选项右侧的按钮▼，在弹出的下拉菜单中选择"自动分辨率"命令，弹出"自动分辨率"对话框，系统将自动调整图像的分辨率和品质效果，如图1-22所示。

图1-21

图1-22

≫ 1.2.8　设置绘图颜色

在Photoshop中可以使用"拾色器"对话框、"颜色"控制面板和"色板"控制面板对图像进行色彩的设置。

1. 使用"拾色器"对话框设置颜色

工具箱中的色彩控制工具■可以用于设定前景色和背景色。单击"切换前景色和背景色"图标↰，或按"X"键，可以互换前景色和背景色。单击"默认前景色和背景色"图标↰，或按"D"键，可以使前景色和背景色恢复到初始状态，即前景色为黑色、背景色为白色。

单击前景色█或背景色⌐控制图标，系统将弹出图1-23所示的色彩"拾色器"对话框，用户可以在此选取颜色。

在"拾色器"对话框中设置颜色，有以下几种方法。

（1）使用颜色滑块和颜色选择区：用鼠标在颜色色带上单击或拖曳两侧的三角形滑块，如图1-24所示，可以使颜色的色相产生变化。

图1-23

图1-24

在"拾色器"对话框左侧的颜色选择区中，可以选择颜色的明度和饱和度。垂直方向表示明度的变化，水平方向表示饱和度的变化。

选择好颜色后，在对话框右侧上方的颜色框中会显示所选择的颜色，右侧下方是所选择颜色的HSB、RGB、Lab、CMYK值，单击"确定"按钮，所选择的颜色将变为工具箱中的前景色或背景色。

（2）通过输入数值选择颜色：在"拾色器"对话框中，右侧下方的HSB、RGB、Lab、CMYK色彩模式后面，都有可以输入数值的数值框，在其中输入所需颜色的数值也可以得到希望的颜色。

勾选对话框左下方的"只有Web颜色"复选框，颜色选择区中将出现供网页使用的颜色，如图1-25所示，在右侧的数值框# 33cccc中，显示的是网页颜色的数值。

2. 使用"颜色"控制面板设置颜色

"颜色"控制面板可以用来改变前景色和背景色。选择"窗口 > 颜色"命令，弹出"颜色"控制面板，如图1-26所示。

在"颜色"控制面板中，可先单击左侧的设置前景色或设置背景色图标█来确定所调整的是前景色还是背景色，然后拖曳三角形滑块或在色带中选择所需的颜色，或直接在颜色的数值框中输入数值调整颜色。

单击"颜色"控制面板右上方的▾≡图标，弹出下拉命令菜单，如图1-27所示，此菜单用于设定"颜色"控制面板中显示的颜色模式，可以在不同的颜色模式中调整颜色。

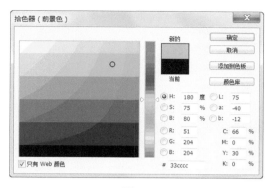

图1-25 图1-26 图1-27

3. 使用"色板"控制面板设置颜色

"色板"控制面板可以用来选取一种颜色来改变前景色或背景色。选择"窗口 > 色板"命令,弹出"色板"控制面板,如图1-28所示。单击"色板"控制面板右上方的▼≣图标,弹出下拉命令菜单,如图1-29所示。

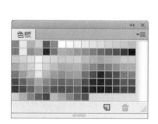

图1-28 图1-29

新建色板:用于新建一个色板。
小缩览图:可使控制面板显示为小图标方式。
小列表:可使控制面板显示为小列表方式。
预设管理器:用于对色板中的颜色进行管理。

复位色板：用于恢复系统的初始设置状态。

载入色板：用于向"色板"控制面板中增加色板文件。

存储色板：用于保存当前"色板"控制面板中的色板文件。

替换色板：用于替换"色板"控制面板中现有的色板文件。

"ANPA颜色"选项以下为配置的颜色库。

在工具箱的前景色中设置需要的颜色，在"色板"控制面板中，将鼠标指针移到空白处，指针变为油漆桶 图标，如图1-30所示。此时单击鼠标，弹出"色板名称"对话框，如图1-31所示。单击"确定"按钮，可将前景色添加到"色板"控制面板中，如图1-32所示。

图1-30   图1-31   图1-32

在"色板"控制面板中，将鼠标指针移到色标上，指针变为吸管 图标，如图1-33所示。此时单击鼠标，将设置吸取的颜色为前景色，如图1-34所示。

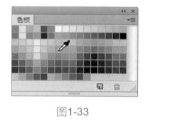

图1-33   图1-34

》 1.2.9 恢复操作的应用

在绘制和编辑图像的过程中，经常会错误地执行一个步骤或对制作的一系列效果不满意。当希望恢复到前一步或原来的图像效果时，可以使用恢复操作命令。

1. 恢复到上一步的操作

在编辑图像的过程中可以随时将操作返回到上一步，也可以还原图像到恢复前的效果。选择"编辑 > 还原"命令，或按"Ctrl+Z"组合键，可以恢复到图像的上一步操作。如果想还原图像到恢复前的效果，再次按"Ctrl+Z"组合键即可。

2. 恢复到操作过程的任意步骤

在绘制和编辑图像的过程中，有时需要将操作恢复到某一个阶段。"历史记录"控制面板可以将进行过多次处理操作的图像恢复到任一步操作时的状态，即"多次恢复功能"。其系统默认值为恢复20次及20次以内的所有操作，但如果计算机的内存足够大的话，还可以将此值设置得更大一些。选择"窗口 > 历史记录"命令，弹出"历史记录"控制面板，如图1-35所示。

控制面板下方的按钮由左至右依次为"从当前状态创建新文档"按钮 、"创建新快照"按钮 和"删除当前状态"按钮 。

在"历史记录"控制面板中，单击"从当前状态创建新文档"按钮 ，可以为当前状态的图像或快照复制一个新的图像文件；单击"创建新快照"按钮 ，可以将当前的图像保存为新快照，新快照可以在"历史记录"控制面板中的历史记录被清除后对图像进行恢复；单击"删除当前状态"按钮 ，可以对当前状态的图像或快照进行删除。

此外，单击"历史记录"控制面板右上方的 图标，弹出下拉命令菜单，如图1-36所示。

图1-35   图1-36

前进一步：用于将滑块向下移动一位。

后退一步：用于将滑块向上移动一位。

新建快照：用于根据当前滑块所指的操作记录建立新的快照。

删除：用于删除控制面板中滑块所指的操作记录。

清除历史记录：用于清除控制面板中除最后一条记录外的所有记录。

新建文档：用于利用当前状态或快照建立新的文件。

历史记录选项：用于设置"历史记录"控制面板。

"关闭"和"关闭选项卡组"：用于关闭"历史记录"控制面板和控制面板所在的选项卡组。

1.3 认识图层

图层可以使用户在不影响图像中其他图像的情况下处理某一指定的图像元素。

1.3.1 新建图层

新建图层，有以下3种方法。

（1）使用"图层"控制面板弹出式菜单：打开一个文件，单击"图层"控制面板右上方的 图标，在弹出的菜单中选择"新建图层"命令，弹出"新建图层"对话框，如图1-37所示。

"名称"选项用于设定新图层的名称，可以选择"使用前一图层创建剪贴蒙版"；"颜色"选项可以设定新图层的颜色；"模式"选项用于设定当前层的合成模式；"不透明度"选项用于设定当前层的不透明度值。

设置完成后，单击"确定"按钮，生成新的图层"图层1"，如图1-38所示。

图1-37   图1-38

（2）使用"图层"控制面板按钮或快捷键：单击"图层"控制面板中的"创建新图层"按钮 ，可以创建一个新图层。按住"Alt"键的同时，单击"图层"控制面板中的"创建新图层"按钮 ，将弹出"新建图层"对话框。

（3）使用"图层"菜单命令或快捷键：选择"图层 > 新建 > 图层"命令，弹出"新建图层"对话框。按"Shift+Ctrl+N"组合键，也可以弹出"新建图层"对话框。

1.3.2　复制图层

复制图层，有以下4种方法。

（1）使用"图层"控制面板弹出式菜单：选中需要的图层，如图1-39所示。单击"图层"控制面板右上方的 图标，在弹出的菜单中选择"复制图层"命令，弹出"复制图层"对话框，如图1-40所示。

"为"选项用于设定复制层的名称。"文档"选项用于设定复制层的文件来源。设置完成后，单击"确定"按钮，生成新的图层"文字 拷贝"，如图1-41所示。

图1-39   图1-40   图1-41

（2）使用"图层"控制面板按钮：将需要复制的图层拖曳到"图层"控制面板下方的"创建新图层"按钮 上，可以将所选的图层复制为一个新图层。

（3）使用"图层"菜单命令：选择"图层 > 复制图层"命令，弹出"复制图层"对话框。

（4）使用鼠标拖曳的方法复制不同图像之间的图层：打开目标图像和需要复制的图像，将需要复制图像的图层拖曳到目标图像的图层中，图层复制完成。

1.3.3 删除图层

删除图层，有以下3种方法。

（1）使用"图层"控制面板弹出式菜单：单击"图层"控制面板右上方的图标，在弹出的菜单中选择"删除图层"命令，弹出提示对话框，如图1-42所示。

单击"是"按钮，删除不需要的图层，例如删除"文字 拷贝"图层，"图层"控制面板如图1-43所示。

图1-42　　　　　　　　　　　　　图1-43

（2）使用"图层"控制面板按钮：单击"图层"控制面板中的"删除图层"按钮，弹出提示对话框，单击"是"按钮，即可删除图层；也可以将需要删除的图层拖曳到"删除图层"按钮上进行删除。

（3）使用"图层"菜单命令：选择"图层 > 删除 > 图层"命令，弹出提示对话框，单击"是"按钮，即可删除图层。选择"图层 > 删除 > 隐藏图层"命令，弹出提示对话框，单击"是"按钮，可以将隐藏的图层删除。

1.3.4 图层的显示

显示图层，有以下两种方法。

（1）使用"图层"控制面板图标：单击"图层"控制面板中任意图层左侧的眼睛图标，可以隐藏或显示这个图层。

例如，在"图层"控制面板中，单击"豆浆机"图层左侧的眼睛图标，如图1-44所示，将"豆浆机"图层隐藏，图像效果如图1-45所示。再次单击"豆浆机"图层左侧的空白图标，显示该图层。

（2）使用快捷键：按住"Alt"键的同时，单击"图层"控制面板中任意图层左侧的眼睛图标，此时，"图层"控制面板中只显示这个图层，其他图层被隐藏；再次单击"图层"控制面板中的这个图层左侧的眼睛图标，将显示全部图层。

图1-44

图1-45

1.3.5 图层的选择

选择图层，有以下两种方法。

（1）使用鼠标左键：单击"图层"控制面板中的任意一个图层，可以选择这个图层。

例如，在"图层"控制面板中单击"草地"图层，可以选择"草地"图层，如图1-46所示。

（2）使用鼠标右键：选择"移动"工具，用鼠标右键单击窗口中的图像，弹出一组供选择的图层选项菜单，选择所需要的图层即可；将鼠标指针靠近需要的图像进行以上操作，即可选择这个图像所在的图层。

例如，在图像窗口中豆浆机的位置单击鼠标右键，弹出命令菜单，如图1-47所示。

图1-46

图1-47

1.3.6 图层的链接

当要同时对多个图层中的图像进行操作时，可以将多个图层进行链接，方便操作。

在"图层"控制面板中，按住"Ctrl"键的同时，选择"文字""黄豆"和"草地"图层，如图1-48所示，单击"图层"控制面板下方的"链接图层"按钮，进行图层链接，如图1-49所示。再次单击"链接图层"按钮，即可取消链接。

1.3.7 图层的排列

排列图层，有以下3种方法。

（1）使用鼠标拖放：单击"图层"控制面板中的任意图层并按住鼠标左键，拖曳鼠标可将其调整到其他图层的上方或下方；背景图层不能随意移动，可以将其转换为普通图层后再移动。

例如，在"图层"控制面板中，将"图层1"图层拖曳到"文字"图层的下方，如图1-50所示。

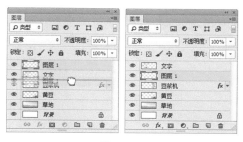

图1-48   图1-49   图1-50

（2）使用"图层"菜单命令：选择"图层 > 排列"命令，弹出"排列"命令的子菜单，选择其中的排列方式即可。

（3）使用快捷键：按"Ctrl+ ["组合键，可以将当前层向下移动一层；按"Ctrl+]"组合键，可以将当前层向上移动一层；按"Shift+Ctrl+ ["组合键，可以将当前层移动到全部图层的底层；按"Shift+Ctrl+]"组合键，可以将当前层移动到全部图层的顶层。

1.3.8 新建图层组

当编辑多层图像时，为了方便操作，可以将多个图层建立在一个图层组中。新建图层组，有以下3种方法。

（1）使用"图层"控制面板弹出式菜单：单击"图层"控制面板右上方的 图标，在弹出的菜单中选择"新建组"命令，弹出"新建组"对话框，如图1-51所示。

"名称"选项用于设定新图层组的名称；"颜色"选项用于选择新图层组在控制面板上的显示颜色；"模式"选项用于设定当前层的合成模式；"不透明度"选项用于设定当前层的不透明度值。

设置完成后，单击"确定"按钮，建立图1-52所示的图层组，也就是"组1"。

图1-51   图1-52

（2）使用"图层"控制面板按钮：单击"图层"控制面板下方的"创建新组"按钮
，将新建一个图层组。

（3）使用"图层"菜单命令：选择"图层 > 新建 > 组"命令，弹出"新建组"对话框，单击"确定"按钮，新建一个图层组。

在"图层"控制面板中，可以按照需要的级次关系新建图层组和图层。

例如，在"图层"控制面板中，按住"Ctrl"键的同时，选择"文字""图层1"和"豆浆机"图层，如图1-53所示。将所选图层拖曳到"组1"图层组，并将"组1"图层组重命名为"商品和文字"，如图1-54所示。

图1-53

图1-54

1.3.9　合并图层

在编辑图像的过程中，可以将图层进行合并。

"向下合并"命令用于向下合并一层。单击"图层"控制面板右上方的图标，在弹出的菜单中选择"向下合并"命令，或按"Ctrl+E"组合键。

"合并可见图层"命令用于合并所有可见图层。单击"图层"控制面板右上方的图标，在弹出的菜单中选择"合并可见图层"命令，或按"Shift+Ctrl+E"组合键。

"拼合图像"命令用于合并所有的图层。单击"图层"控制面板右上方的图标，在弹出的菜单中选择"拼合图像"命令。

例如，在"图层"控制面板中，按住"Ctrl"键的同时，选择"黄豆"和"草地"图层，如图1-55所示。选择"图层 > 合并图层"命令，或按"Ctrl+E"组合键，合并图层并将其命名为"底图"，如图1-56所示。

图1-55

图1-56

1.4　课后习题

1. 在Photoshop中常用的界面操作有哪些?
2. 图层的操作有哪些技巧?

第2章
让商品图片更抢眼

本章将主要介绍使用Photoshop对商品图片进行裁剪和抠图的操作方法。通过本章的学习，读者可以快速地裁剪图片和提取需要的商品图像内容。

学习目标

1. 掌握使用裁剪工具裁剪图片和矫正图片角度的方法
2. 掌握规则形状的抠图方法和技巧
3. 掌握单色背景的抠图方法和技巧
4. 掌握复杂背景的抠图方法和技巧
5. 掌握精细背景的抠图方法和技巧
6. 掌握头发的抠图方法和技巧
7. 掌握半透明商品的抠图方法

2.1 商品图片的二次构图

在商品图片处理过程中，有时拍摄的商品图片的构图不能突出商品主体，就需要将商品图片进行重新裁剪和二次构图，以取得满意的商品图片效果。

2.1.1 突出图片中的商品——图片的裁剪

选择"裁剪"工具 ，或反复按"Shift+C"组合键，其属性栏状态如图2-1所示。

图2-1

在"裁剪"工具属性栏中，单击 比例 按钮，将弹出下拉菜单，可以选择预设长宽比和裁剪尺寸； 选项用于设置裁剪框的长宽比； 可以互换高度和宽度的数值； 用于清除长宽比值； 可以通过在图像上画一条线来拉直该图像； 可以设置裁剪工具的叠加选项； 可以设置其他裁剪选项。

【案例知识要点】使用裁剪工具裁剪图片，突出图片中的商品，效果如图2-2所示。

【素材所在位置】网盘/Ch02/素材/图片的裁剪/01。

【效果所在位置】网盘/Ch02/效果/图片的裁剪.psd。

按"Ctrl+O"组合键，打开网盘中的"Ch02 > 素材 > 图片的裁剪 > 01"文件，如如图2-3所示。在图片中，餐桌组合在图中的比例比主体物吊灯还大，主体并不突出。

选择"裁剪"工具，在图像中单击并按住鼠标左键，拖曳出一个裁切区域，松开鼠标，绘制出矩形裁剪框，如图2-4所示。在矩形裁剪框内双击或按"Enter"键，即可完成图像的裁剪，效果如图2-5所示。

图2-2   图2-3   图2-4   图2-5

 设计思路

利用"裁剪"工具将吊灯放在黄金分割点上，进行裁剪后，图片所表现的主题思想更明确，构图更美观。

▶▶ 2.1.2   让商品端正展示——矫正拍歪的图片

在商品拍摄的过程中，由于拍摄的角度等问题，最终拍出来的图片可能会造成拍摄商品倾斜，这时可以利用裁剪工具将其矫正。

【案例知识要点】使用裁剪工具将拍歪的照片矫正，效果如图2-6所示。

【素材所在位置】网盘/Ch02/素材/矫正拍歪的照片/01。

【效果所在位置】网盘/Ch02/效果/矫正拍歪的照片.psd。

按"Ctrl+O"组合键，打开网盘中的"Ch02 > 素材 > 矫正拍歪的照片 > 01"文件，如图2-7所示。选择"裁剪"工具，在图像中单击并按住鼠标左键，拖曳出一个裁切区域，松开鼠标，绘制出矩形裁剪框，效果如图2-8所示。

图2-6   图2-7   图2-8

　　将鼠标指针放在裁剪框的右上角，指针变为双向箭头 图标，单击并按住鼠标左键拖曳控制手柄，可以调整裁剪框的大小，效果如图2-9所示。

　　对已经绘制出的矩形裁剪框可以进行旋转，将鼠标指针放在裁剪框角的控制手柄外边，指针变为旋转图标 ，单击并按住鼠标左键旋转裁剪框，效果如图2-10所示。

　　在矩形裁剪框内双击或按"Enter"键，即可完成图像的裁剪，效果如图2-11所示。拍歪的照片矫正完成。

图2-9

图2-10

图2-11

设计思路

　　利用"裁剪"工具将拍歪的香水图片矫正，在不影响主体的情况下将多余图像裁掉，能够让商品图片更美观，突出商品主体。

2.2　分离图片

　　在商品图片处理过程中，经常需要将商品主体或其他需要的部分从商品图片中精确地提取出来，我们将这一过程称为"抠图"。抠图是后期处理图像的重要基础。

2.2.1　快速将商品框选出来——规则形状抠图

　　规则形状选区可以使用"矩形选框"工具抠取，可以快速地将商品从图片中提取出来。

　　选择"矩形选框"工具 ，或反复按"Shift+M"组合键，其属性栏状态如图2-12所示。

图2-12

　　在"矩形选框"工具属性栏中， 为选择选区方式选项。"新选区"按钮 用于去除旧选区，绘制新选区。"添加到选区"按钮 用于在原有选区的基础上再增加新的选区。"从选区减去"按钮 用于在原有选区的基础上减去新选区的部分。"与选区交叉"按钮 用于选择新旧选区重叠的部分。

【案例知识要点】使用矩形选框工具抠取图片，效果如图2-13所示。

【素材所在位置】网盘/Ch02/素材/规则形状抠图/01。

【效果所在位置】网盘/Ch02/效果/规则形状抠图.psd。

按"Ctrl+O"组合键，打开网盘中的"Ch02 > 素材 > 规则形状抠图 > 01"文件，如图2-14所示。选择"矩形选框"工具回，在图像中需要抠取的主体商品处按住鼠标左键，拖曳鼠标绘制出需要的选区，松开鼠标左键，矩形选区绘制完成，如图2-15所示。

图2-13

图2-14

图2-15

选择"编辑 > 拷贝"命令，或按"Ctrl+C"组合键，复制选区中的图像。按"Ctrl+N"组合键，在弹出的"新建"对话框中进行设置，如图2-16所示，单击"确定"按钮，新建画布如图2-17所示。

在新建画布中，选择"编辑 > 粘贴"命令，或按"Ctrl + V"组合键，粘贴复制的图像，如图2-18所示。规则形状抠图完成。

图2-16

图2-17

图2-18

2.2.2 选取商品一点即可——单色背景抠图

"魔棒"工具可以用来选取图像中的某一点，并将与这一点颜色相同或相近的点自动融入选区中。

选择"魔棒"工具，或反复按"Shift+W"组合键，其属性栏状态如图2-19所示。

图2-19

在"魔棒"工具属性栏中，▣▣▣▣为选择方式选项。"容差"选项用于控制色彩的范围，数值越大，可容许的色彩范围越大。"消除锯齿"选项用于清除选区边缘的锯齿。"连续"选项用于选择单独的色彩范围。"对所有图层取样"选项用于将所有可见层中颜色容许范围内的色彩加入选区。

【案例知识要点】使用魔棒工具抠取图片，效果如图2-20所示。

【素材所在位置】网盘/Ch02/素材/单色背景抠图/01。

【效果所在位置】网盘/Ch02/效果/单色背景抠图.psd。

按"Ctrl+O"组合键，打开网盘中的"Ch02 > 素材 > 单色背景抠图 > 01"文件，如图2-21所示。选择"魔棒"工具▨，在属性栏中单击"添加到选区"按钮▣，将"容差"选项的数值设为50，如图2-22所示。在图像蓝色背景区域多次单击鼠标建立选区，如图2-23所示。选择"选择 > 反向"命令，或按"Shift+Ctrl+I"组合键，将选区反向选择，如图2-24所示。

图2-20　　　　　　　　　　　　图2-21

图2-22

图2-23　　　　　　　　　　　　图2-24

选择"编辑 > 拷贝"命令，或按"Ctrl+C"组合键，复制选区中的图像。按"Ctrl+N"组合键，在弹出的"新建"对话框中进行设置，如图2-25所示，单击"确定"按钮，新建画布如图2-26所示。

在新建的画布中，选择"编辑 > 粘贴"命令，或按"Ctrl+V"组合键，粘贴复制的图像，单色背景抠图完成，如图2-27所示。

图2-25   图2-26   图2-27

▶▶ 2.2.3 勾勒商品主体轮廓——复杂背景抠图

当图片中商品主体的边界复杂或与背景颜色相似时，可以使用"钢笔"工具绘制选区，进而更为精确地提取出需要的商品图片。

选择"钢笔"工具，或反复按"Shift+P"组合键，其属性栏状态如图2-28所示。

图2-28

在"钢笔"工具属性栏中，[路径 ÷]选项用于选择创建路径形状、创建工作路径或填充区域。使用钢笔绘制闭合路径后，单击[选区…]按钮，可以载入路径中的选区。使用钢笔绘制闭合路径后，单击[蒙版]按钮，可以将绘制的闭合路径转换为矢量蒙版。使用钢笔绘制闭合路径后，单击[形状]按钮，可以将绘制的闭合路径转换为形状，在"图层"控制面板中自动生成形状图层。[图标]用于设置路径的运算方式、对齐方式和排列方式。[图标]选项下拉面板中，勾选"橡皮带"复选框，在绘制路径时可以显示要创建的路径段，从而判断出路径的走向。

按住"Shift"键，创建锚点时，会强迫系统以45°角或45°角的倍数绘制路径；按住"Alt"键，当鼠标指针移到锚点上时，指针暂时由"钢笔"工具图标转换成"转换点"工具图标；按住"Ctrl"键，鼠标指针暂时由"钢笔"工具图标转换成"直接选择"工具图标。

新建一个图像，选择"钢笔"工具，在属性栏的"选择工具模式"选项中选择"路径"，这样使用"钢笔"工具绘制的将是路径；如果在属性栏的"选择工具模式"选项中选择"形状"，将绘制出带有形状图层的形状；如果在属性栏的"选择工具模式"选项中选择"像素"，将绘制出填充区域。勾选"自动添加/删除"复选框，可以直接利用"钢笔"工具在路径上单击添加锚点，或单击路径上已有的锚点来删除锚点。

（1）绘制线条的方法如下。

在图像中任意位置单击鼠标左键，创建一个锚点，将鼠标指针移动到其他位置再次单击鼠标左键，创建第二个锚点，两个锚点之间自动以直线进行连接，如图2-29所示。再将鼠标指针移动到其他位置单击鼠标左键，创建第三个锚点，而系统将在第二个和第三个锚点之间生成一条新的直线路径，如图2-30所示。

将鼠标指针移至第二个锚点上，会发现指针暂时由"钢笔"工具图标转换成"删除锚点"工具_图标，如图2-31所示。在锚点上单击鼠标左键，即可将第二个锚点删除，效果如图2-32所示。

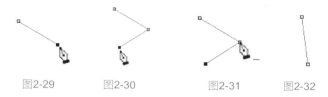

图2-29   图2-30   图2-31   图2-32

（2）绘制曲线的方法如下。

使用"钢笔"工具单击建立新的锚点并按住鼠标左键不松，拖曳鼠标，建立曲线段和曲线锚点，如图2-33所示，松开鼠标左键，按住"Alt"键的同时，单击刚建立的曲线锚点，如图2-34所示，将其转换为直线锚点，在其他位置再次单击建立下一个新的锚点，可在曲线段后绘制出直线段，如图2-35所示。

图2-33   图2-34   图2-35

【案例知识要点】使用钢笔工具抠取图片，效果如图2-36所示。

【素材所在位置】网盘/Ch02/素材/复杂背景抠图/01。

【效果所在位置】网盘/Ch02/效果/复杂背景抠图.psd。

按"Ctrl+O"组合键，打开网盘中的"Ch02 > 素材 > 复杂背景抠图 > 01"文件，如图2-37所示。

选择"钢笔"工具，沿着沙发边缘单击生成锚点，如图2-38所示。随后，继续沿着沙发边缘绘制闭合路径，如图2-39所示。

图2-36   图2-37   图2-38   图2-39

在创建的闭合路径中单击鼠标右键，在弹出的菜单中选择"建立选区"命令，或按"Ctrl+Enter"组合键，将路径转化为选区，如图2-40所示。

选择"编辑 > 拷贝"命令，或按"Ctrl+C"组合键复制选区中的图像。按"Ctrl+N"

Photoshop CC 淘宝网店设计与装修实战

组合键，在弹出的"新建"对话框中进行设置，如图2-41所示。单击"确定"按钮，新建画布如图2-42所示。

　　在新建的画布中，选择"编辑 > 粘贴"命令，或按"Ctrl+V"组合键粘贴复制的图像，复杂背景抠图完成，如图2-43所示。

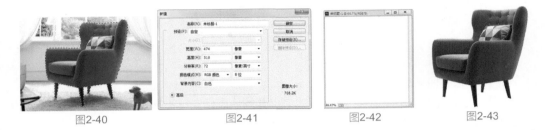

图2-40　　　　　　　　图2-41　　　　　　　　图2-42　　　　　　图2-43

➤➤ 2.2.4　让合成的图片更加精致——精细背景抠图

　　在拍摄的商品图片中，商品与背景的颜色区域常常不同，可以使用"色彩范围"命令进行抠图，这样可以避免使用"钢笔"工具抠取复杂边缘图片的耗时问题。"色彩范围"命令可根据图像的颜色范围创建选区。

　　选择"选择 > 色彩范围"命令，弹出"色彩范围"对话框，如图2-44所示。

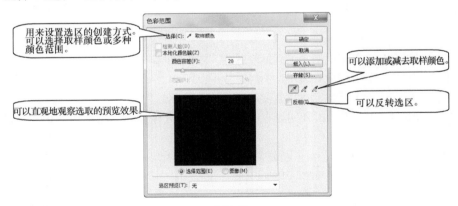

图2-44

　　【案例知识要点】使用色彩范围命令抠取图片，效果如图2-45所示。
　　【素材所在位置】网盘/Ch02/素材/精细背景抠图/01。
　　【效果所在位置】网盘/Ch02/效果/精细背景抠图.psd。

　　按"Ctrl+O"组合键，打开网盘中的"Ch02 > 素材 > 精细背景抠图 > 01"文件，如图2-46所示。

　　选择"选择 > 色彩范围"命令，弹出"色彩范围"对话框，如图2-47所示。鼠标指针变为吸管 ✐ 图标，勾选"反向"复选框，在图像中的背景处单击，"色彩范围"对话框如图2-48所示，预览图中白色部分代表了被选择的区域。

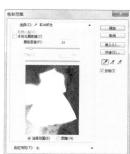

图2-45　　　　　　图2-46　　　　　　图2-47　　　　　　图2-48

在"色彩范围"对话框中，将"颜色容差"选项设为70，预览图中白色部分增多，如图2-49所示。单击右侧的"添加到取样"按钮 ，在图像中不需要的图像处单击，"色彩范围"对话框如图2-50所示。单击"确定"按钮，在图像中生成选区，如图2-51所示。

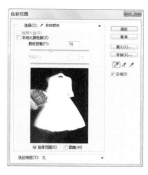

图2-49　　　　　　　　　图2-50　　　　　　　　　图2-51

按"Ctrl+J"组合键，将选区中的图像复制到新图层中，生成"图层1"图层，如图2-52所示。单击"背景"图层左侧的眼睛 图标，将"背景"图层隐藏，如图2-53所示。精细背景抠图完成，效果如图2-54所示。

图2-52　　　　　　　　　图2-53　　　　　　　　　图2-54

≫ 2.2.5　让模特毫发无损——头发的抠取

为了更好地展示商品，模特展示必不可少，一般的抠图方法不适用于抠取复杂的模特头发，可以使用"调整边缘"命令来抠取需要的内容。绘制一个选区，选择"选择 > 调整边缘"命令，弹出"调整边缘"对话框，如图2-55所示。

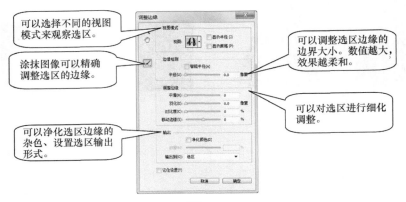

图2-55

【案例知识要点】使用钢笔工具抠取人物头发，使用调整边缘命令调整选区边缘，使用移动工具添加素材图片，效果如图2-56所示。

【素材所在位置】网盘/Ch02/素材/头发抠图/01～03。

【效果所在位置】网盘/Ch02/效果/头发抠图.psd。

按"Ctrl+O"组合键，打开网盘中的"Ch02 > 素材 > 头发抠图 > 01"文件，如图2-57所示。图片中细碎的头发较多，使用"调整边缘"命令能够快速准确地将头发抠出。

将"背景"图层拖曳到"图层"控制面板下方的"创建新图层"按钮 上进行复制，生成新的图层"背景 拷贝"。单击"背景"图层左侧的眼睛 图标，将"背景"图层隐藏。选择"钢笔"工具 ，在图像窗口中绘制路径，如图2-58所示。按"Ctrl+Enter"组合键，将路径转换为选区，如图2-59所示。

图2-56　　　　　　　图2-57　　　　　　　图2-58　　　　　　　图2-59

选择"选择 > 调整边缘"命令，弹出"调整边缘"对话框，在"视图模式"选项中选择"叠加"，在属性栏中将"大小"设为350，如图2-60所示，在人物图像中涂抹头发部分，如图2-61所示。在"调整边缘"对话框中选项的设置如图2-62所示。单击"确定"按钮，图像效果如图2-63所示。在"图层"控制面板中生成图层蒙版，如图2-64所示。

按"Ctrl+O"组合键，打开网盘中的"Ch02 > 素材 > 头发抠图 > 02"文件，选择
"移动"工具，将图片拖曳到图像窗口中的适当位置，并调整其大小，效果如图2-65
所示。在"图层"控制面板中生成新图层并将其命名为"底图"。

图2-60　　　　　　图2-61　　　　　　　图2-62

图2-63　　　　　　图2-64　　　　　　　图2-65

在"图层"控制面板中，将"底图"图层拖曳到"背景 拷贝"图层的下方，如图2-66
所示，图像效果如图2-67所示。

按"Ctrl+O"组合键，打开网盘中的"Ch02 > 素材 > 头发抠图 > 03"文件，选择
"移动"工具，将标志图片拖曳到图像窗口中的适当位置，并调整其大小，效果
如图2-68所示，在"图层"控制面板中生成新图层并将其命名为"标志"。头发抠取
完成。

图2-66　　　　　　图2-67　　　　　　　图2-68

2.2.6　让商品保留剔透感——半透明商品的抠取

商品图片中主体与背景如果对比较大，可以使用通道控制面板来抠取商品。

【案例知识要点】使用通道控制面板来抠取半透明图片，效果如图2-69所示。

【素材所在位置】网盘/Ch02/素材/半透明商品的抠取/01。

【效果所在位置】网盘/Ch02/效果/半透明商品的抠取.psd。

按"Ctrl+O"组合键，打开网盘中的"Ch02 > 素材 > 半透明商品的抠取 > 01"文件，如图2-70所示。

选择"通道"控制面板，选择图像对比度效果最强的"蓝"通道，将其拖曳到"通道"控制面板下方的"创建新通道"按钮 上进行复制，生成新通道"蓝 拷贝"，如图2-71所示。按"Ctrl+I"组合键，对"蓝 拷贝"通道进行反相操作，图像效果如图2-72所示。

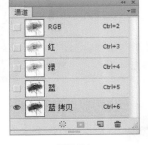

图2-69　　　　　　图2-70　　　　　　　　　图2-71　　　　　　　　　图2-72

按住"Ctrl"键的同时，单击"蓝 拷贝"通道的缩览图，图像周围生成选区，如图2-73所示。选中"RGB"通道，返回到"图层"控制面板，图像效果如图2-74所示。

按"Ctrl+J"组合键，将选区中的图像复制到新图层并将其命名为"头饰"。单击"背景"图层左侧的眼睛 图标，将"背景"图层隐藏，图像效果如图2-75所示。

图2-73　　　　　　　　图2-74　　　　　　　　图2-75

2.3　课后习题1——矫正拍歪的商品图片

【习题知识要点】使用"裁剪"工具，对拍歪的图片进行角度矫正，效果如图2-76所示。

【素材所在位置】网盘/Ch02/素材/矫正拍歪的商品图片/01。

【效果所在位置】网盘/Ch02/效果/矫正拍歪的商品图片.psd。

图2-76

2.4 课后习题2——抠取商品主体

【习题知识要点】使用钢笔工具、计算命令和添加图层蒙版，将商品图片中的主体物品清晰地提取出来，效果如图2-77所示。

【素材所在位置】网盘/Ch02/素材/抠取商品主体/01、02。

【效果所在位置】网盘/Ch02/效果/抠取商品主体/01.psd、02.psd。

图2-77

第3章
让商品图片更靓丽

本章主要介绍调整图像的色彩与色调的多种命令和修饰图像的方法与技巧。通过本章的学习，读者可以根据不同的需要应用多种调整命令对图像的色彩或色调进行细微的调整，还可以掌握修饰图像的基本方法与操作技巧，把有缺陷的图像修复完整。

·学习目标

① 熟练掌握调整图像色彩与色调的方法
② 掌握去掉商品挂钩的方法和技巧
③ 掌握为模特瘦身和美容的技巧
④ 掌握去除商品上灰尘的方法
⑤ 掌握为模特去除眼中红血丝的方法

3.1 让色彩掌控画面

在拍摄商品图片时，有时拍摄环境并不理想，造成商品图片有色差，这就需要使用Photoshop进行后期图像处理。

3.1.1 让照片摆脱灰暗——调整曝光不足的照片

图像的明暗直接影响商品图片的整体效果，如果图片太暗或对图片的亮度不满意，可以通过"色阶""曝光度""曲线"等调整命令调整曝光不足的商品图片。

"色阶"命令可以通过调整图像的阴影、中间调和高光的强度级别，从而校正图像的色调范围和色彩平衡。选择"图像 > 调整 > 色阶"命令，弹出"色阶"对话框，如图3-1所示。

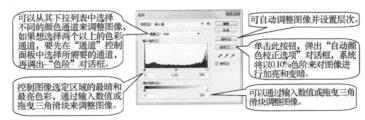

可以从其下拉列表中选择不同的颜色通道来调整图像，如果想选择两个以上的色彩通道，要先在"通道"控制面板中选择所需要的通道，再调出"色阶"对话框。

控制图像选定区域的最暗和最亮色彩，通过输入数值或拖曳三角滑块来调整图像。

可自动调整图像并设置层次。

单击此按钮，弹出"自动颜色校正选项"对话框，系统将以0.10%色阶来对图像进行加亮和变暗。

可以通过输入数值或拖曳三角滑块调整图像。

图3-1

"曝光度"命令可以用于处理曝光过度或曝光不足的照片。选择"图像 > 调整 > 曝光度"命令，弹出"曝光度"对话框，如图3-2所示。

调整色彩范围的高光端，对极限阴
影的影响很轻微。

使阴影和中间调变暗，对高光的影
响很轻微。

使用乘方函数调整图像灰度系数。

图3-2

　　"曲线"命令可以通过调整图像色彩曲线上的任意一个像素点来改变图像的色彩范围。选
择"图像>调整>曲线"命令，或按"Ctrl+M"组合键，弹出"曲线"对话框，如图3-3所示。

可以从其下拉列表中选
择不同的颜色通道来调
整图像。

X轴为色彩输入值，Y轴
为色彩输出值，曲线代表
输入和输出色阶的关系，
调节图像的明暗和色调。

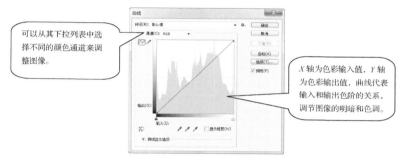

图3-3

　　【案例知识要点】使用色阶、曝光度和曲线命令调整曝光不足的照片，效果如图3-4所示。
　　【素材所在位置】网盘/Ch03/素材/调整曝光不足的照片/01。
　　【效果所在位置】网盘/Ch03/效果/调整曝光不足的照片.psd。
　　按"Ctrl+O"组合键，打开网盘中的"Ch03 > 素材 > 调整曝光不足的照片 > 01"文
件，如图3-5所示。选择"图像 > 调整 > 色阶"命令，在弹出的对话框中进行设置，如
图3-6所示，单击"确定"按钮，效果如图3-7所示。

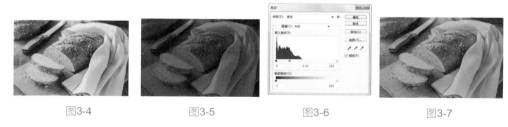

图3-4　　　　　　　　图3-5　　　　　　　　图3-6　　　　　　　　图3-7

　　选择"图像 > 调整 > 曝光度"命令，在弹出的对话框中进行设置，如图3-8所示，单
击"确定"按钮，效果如图3-9所示。
　　选择"图像 > 调整 > 曲线"命令，弹出"曲线"对话框，在曲线上单击鼠标添加控
制点，将"输入"选项设为196，"输出"选项设为204，如图3-10所示；在曲线上单击鼠
标添加控制点，将"输入"选项设为56，"输出"选项设为46，如图3-11所示。单击"确
定"按钮，效果如图3-12所示。曝光不足的照片调整完成。

Photoshop CC 淘宝网店设计与装修实战

图3-8

图3-9

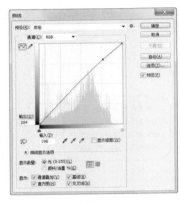
图3-10

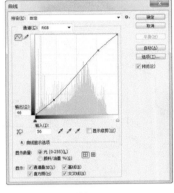
图3-11

图3-12

3.1.2　恢复商品的本色——处理偏色的照片

Camera Raw可以对单反数码相机所生成的RAW格式图片和普通图片进行专业的调整。

【案例知识要点】使用Camera Raw滤镜调整偏色的照片，效果如图3-13所示。

【素材所在位置】网盘/Ch03/素材/处理偏色的照片/01。

【效果所在位置】网盘/Ch03/效果/处理偏色的照片.psd。

按"Ctrl+O"组合键，打开网盘中的"Ch03 > 素材 > 处理偏色的照片 > 01"文件，如图3-14所示。将"背景"图层拖曳到"图层"控制面板下方的"创建新图层"按钮 上进行复制，生成新的"背景 拷贝"图层。

图3-13

图3-14

选择"滤镜 > Camera Raw"命令，在弹出的对话框中进行设置，如图3-15所示，单击"确定"按钮，效果如图3-16所示。

图3-15

图3-16

单击"图层"控制面板下方的"添加图层蒙版"按钮，为"背景 拷贝"图层添加图层蒙版，如图3-17所示。将前景色设为黑色。选择"画笔"工具，在属性栏中单击"画笔"选项右侧的按钮，在弹出的面板中选择需要的画笔形状，如图3-18所示，在图像窗口中拖曳鼠标擦除不需要的图像，效果如图3-19所示。偏色照片处理完成。

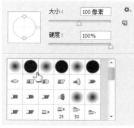

图3-17

图3-18

图3-19

3.1.3 提升商品的温暖感——调节照片的色调

在拍摄商品图片时，难免会发生拍摄效果与想要表达的视觉感受不同，可以使用"色彩平衡"命令、"照片滤镜"命令和"色相/饱和度"命令调整整体画面的颜色倾向。

"色彩平衡"命令可以分别调整阴影、中间调和高光中各个颜色的分布。选择"图像 > 调整 > 色彩平衡"命令，或按"Ctrl+B"组合键，弹出"色彩平衡"对话框，如图3-20所示。

"照片滤镜"命令用于模仿传统相机的滤镜效果处理图像，通过调整图片颜色可以获得各种丰富的效果。选择"图像 > 调整 > 照片滤镜"命令，弹出"照片滤镜"对话框，如图3-21所示。

用于添加过渡色来平衡色彩效果，拖曳滑块可以调整整个图像的色彩，也可以在"色阶"选项的数值框中直接输入数值调整图像的色彩。

用于选取图像的阴影、中间调和高光。保持明度：用于保持原图像的明度。

图3-20

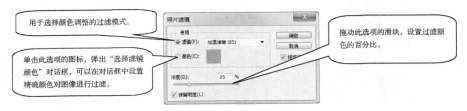

用于选择颜色调整的过滤模式。

单击此选项的图标，弹出"选择滤镜颜色"对话框，可以在对话框中设置精确颜色对图像进行过滤。

拖动此选项的滑块，设置过滤颜色的百分比。

图3-21

"色相/饱和度"命令可以调节图像的色相和饱和度。选择"图像 > 调整 > 色相/饱和度"命令，或按"Ctrl+U"组合键，弹出"色相/饱和度"对话框，如图3-22所示。

用于选择要调整的色彩范围，可以通过拖曳各选项中的滑块来调整图像的色相、饱和度和明度。

用于在由灰度模式转化而来的色彩模式图像中填加需要的颜色。

图3-22

【案例知识要点】使用色彩平衡命令和调整图层调节照片的色调，效果如图3-23所示。

【素材所在位置】网盘/Ch03/素材/调节照片的色调/01。

【效果所在位置】网盘/Ch03/效果/调节照片的色调.psd。

按"Ctrl+O"组合键，打开网盘中的"Ch03 > 素材 > 调节照片的色调 > 01"文件，如图3-24所示。选择"图像 > 调整 > 色彩平衡"命令，在弹出的对话框中进行设置，如图3-25所示；点选"高光"单选项，设置如图3-26所示，单击"确定"按钮，效果如图3-27所示。

图3-23

图3-24

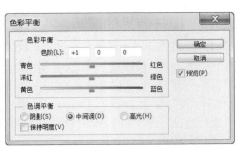

图3-25

图3-26　　　　　　　　　　　　　　图3-27

　　单击"图层"控制面板下方的"创建新的填充或调整图层"按钮 ⬤ ，在弹出的菜单中选择"纯色"命令，在"图层"控制面板中生成"颜色填充1"图层，同时在弹出的"拾色器"对话框中将颜色设为黄色（其R、G、B的值分别为255、229、121），单击"确定"按钮，图像效果如图3-28所示。在"图层"控制面板上方，将"颜色填充1"图层的混合模式选项设为"柔光"，"不透明度"选项设为50%，如图3-29所示，图像效果如图3-30所示。

图3-28　　　　　　　　　　图3-29　　　　　　　　　　图3-30

　　将"颜色填充1"图层拖曳到"图层"控制面板下方的"创建新图层"按钮 ▣ 上进行复制，生成新的图层"颜色填充1 拷贝"。在"图层"控制面板中单击选中"颜色填充1 拷贝"的蒙版缩览图，如图3-31所示。将前景色设为黑色。选择"画笔"工具 ✏ ，在属性栏中单击"画笔"选项右侧的按钮 ⋅ ，在弹出的面板中选择需要的画笔形状，如图3-32所示，在图像窗口中拖曳鼠标擦除不需要的图像，效果如图3-33所示。

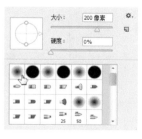

图3-31　　　　　　　　　　图3-32　　　　　　　　　　图3-33

Photoshop CC 淘宝网店设计与装修实战

　　单击"图层"控制面板下方的"创建新的填充或调整图层"按钮 ，在弹出的菜单中选择"照片滤镜"命令，在"图层"控制面板中生成"照片滤镜1"图层，同时在弹出的"照片滤镜"面板中进行设置，如图3-34所示，按"Enter"键，图像效果如图3-35所示。

图3-34　　　　　　　　　　　　　　图3-35

　　单击"图层"控制面板下方的"创建新的填充或调整图层"按钮 ，在弹出的菜单中选择"色相/饱和度"命令，在"图层"控制面板中生成"色相/饱和度1"图层，同时在弹出的"色相/饱和度"面板中进行设置，如图3-36所示，按"Enter"键，图像效果如图3-37所示。

图3-36　　　　　　　　　　　　　　图3-37

　　单击"图层"控制面板下方的"创建新的填充或调整图层"按钮 ，在弹出的菜单中选择"曲线"命令，在"图层"控制面板中生成"曲线 1"图层，同时弹出"曲线"面板，在曲线上单击鼠标添加控制点，将"输入"选项设为85，"输出"选项设为51，如图3-38所示，按"Enter"键，图像效果如图3-39所示。照片的色调调节完成。

图3-38　　　　　　　　　　　　　　图3-39

➤➤ 3.1.4 让玻璃制品更晶莹剔透——调整照片的质感

一些精致的香水和化妆品会使用玻璃质地的包装，从而直观地表现出商品的状态，使商品更显精致、细腻，促进买家消费。使用相机拍摄出的商品图片往往不能直接表现出玻璃晶莹剔透的特性，需要使用Photoshop进行后期的调整。接下来介绍使用图层混合模式和调整图层来调整照片质感的方法。

【案例知识要点】使用图层混合模式和调整图层调整照片的质感，效果如图3-40所示。

【素材所在位置】网盘/Ch03/素材/调整照片的质感/01。

【效果所在位置】网盘/Ch03/效果/调整照片的质感.psd。

按"Ctrl+O"组合键，打开网盘中的"Ch03 > 素材 > 调整照片的质感 > 01"文件，如图3-41所示。将"背景"图层拖曳到"图层"控制面板下方的"创建新图层"按钮 上进行复制，生成新的图层"背景 拷贝"。在"图层"控制面板上方，将"背景 拷贝"图层的混合模式选项设为"滤色"，"不透明度"选项设为30%，如图3-42所示。图像效果如图3-43所示。

图3-40   图3-41   图3-42   图3-43

单击"图层"控制面板下方的"创建新的填充或调整图层"按钮 ，在弹出的菜单中选择"曝光度"命令，在"图层"控制面板中生成"曝光度1"图层，同时在弹出的"曝光度"面板中进行设置，如图3-44所示，按"Enter"键，图像效果如图3-45所示。

图3-44   图3-45

单击"图层"控制面板下方的"创建新的填充或调整图层"按钮 ，在弹出的菜单中选择"曲线"命令，在"图层"控制面板中生成"曲线1"图层，同时弹出"曲线"面板，在曲线上单击鼠标添加控制点，将"输入"选项设为200，"输出"选项设为219，如图3-46所示。在曲线上单击鼠标添加控制点，将"输入"选项设为67，"输出"选项设为41，如图3-47所示。按"Enter"键，图像效果如图3-48所示。照片的质感调整完成。

Photoshop CC 淘宝网店设计与装修实战

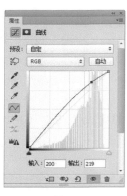 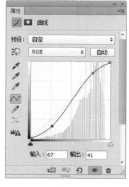 

图3-46 图3-47 图3-48

3.1.5 让商品色彩更浓郁——调整照片的饱和度

色彩鲜艳的商品图片可以吸引买家的注意力，促进消费。接下来介绍使用"色相/饱和度"命令使商品图片色彩更为浓郁的方法。

【案例知识要点】使用色相/饱和度命令调整照片的饱和度，效果如图3-49所示。

【素材所在位置】网盘/Ch03/素材/调整照片的饱和度/01。

【效果所在位置】网盘/Ch03/效果/调整照片的饱和度.psd。

按"Ctrl+O"组合键，打开网盘中的"Ch03 > 素材 > 调整照片的饱和度 > 01"文件，如图3-50所示。选择"图像 > 调整 > 色相/饱和度"命令，在弹出的对话框中进行设置，如图3-51所示，单击"确定"按钮，效果如图3-52所示。照片的饱和度调整完成。

图3-49 图3-50 图3-51 图3-52

3.2 让图片细节更完美

3.2.1 让挂拍的服装更美观——去掉商品挂钩

在拍摄较为柔软的衣物或不能独立造型的商品时，通常会使用辅助道具来帮助商品摆出造型，比如拍摄衣物时，使用衣架将衣物悬挂，可以更为鲜明地展现衣物造型。在拍摄

38

完成后，可以使用Photoshop将辅助道具去除。

【案例知识要点】使用多边形套索工具绘制选区，使用填充命令填充颜色，使用裁剪工具将图片裁剪，效果如图3-53所示。

【素材所在位置】网盘/Ch03/素材/去掉商品挂钩/01。

【效果所在位置】网盘/Ch03/效果/去掉商品挂钩.psd。

按"Ctrl+O"组合键，打开网盘中的"Ch03 > 素材 > 去掉商品挂钩 > 01"文件，如图3-54所示。选择"多边形套索"工具 ，在图像窗口中绘制选区，如图3-55所示。将前景色设为浅灰色（其R、G、B的值分别为248、248、248）。按"Alt+Delete"组合键，用前景色填充选区，按"Ctrl+D"组合键，取消选区，效果如图3-56所示。

图3-53   图3-54   图3-55   图3-56

在图像窗口中继续绘制选区，如图3-57所示。将前景色设为枣红色（其R、G、B的值分别为122、43、39）。按"Alt+Delete"组合键，用前景色填充选区，按"Ctrl+D"组合键，取消选区，效果如图3-58所示。使用相同的方法制作其他效果，如图3-59所示。

图3-57   图3-58   图3-59

选择"裁剪"工具 ，在图像窗口中适当的位置拖曳一个裁切区域，如图3-60所示，按"Enter"键确定操作，效果如图3-61所示。

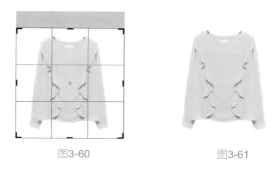

图3-60   图3-61

设计思路

使用"多边形套索"工具绘制好选区，吸取周围相应的颜色填充选区，将原本的衣架遮盖，使图片更为美观。

3.2.2 让模特完美变身——瘦身与美容

为了更好地展现镜头效果，在拍摄模特后，通常会在Photoshop中对模特照片进行修瑕、瘦身等操作。

【案例知识要点】使用套索工具绘制选区，使用变换命令为模特瘦身，使用污点修复画笔工具和修补工具去除皮肤瑕疵，效果如图3-62所示。

【素材所在位置】网盘/Ch03/素材/瘦身与美容/01。

【效果所在位置】网盘/Ch03/效果/瘦身与美容.psd。

按"Ctrl+O"组合键，打开网盘中的"Ch03 > 素材 > 瘦身与美容 > 01"文件，如图3-63所示。选择"套索"工具 ，在窗口中绘制选区，如图3-64所示。

图3-62

图3-63

图3-64

按"Shift+F6"组合键，弹出"羽化选区"对话框，选项的设置如图3-65所示，单击"确定"按钮，效果如图3-66所示。

图3-65

图3-66

按"Ctrl+J"组合键，将选区中的图像复制到新图层中并将其命名为"瘦身"，按"Ctrl+T"组合键，图像周围出现变换框，在变换框中单击鼠标右键，在弹出的菜单中选择"变形"命令，用鼠标拖曳控制手柄，将图片变形，如图3-67所示。按"Enter"键确定操作，效果如图3-68所示。

图3-67　　　　　　　　　　　　图3-68

单击"图层"控制面板下方的"添加图层蒙版"按钮 ▣ ，为"瘦身"图层添加图层蒙版，如图3-69所示。将前景色设为黑色。选择"画笔"工具 ✐ ，在属性栏中单击"画笔"选项右侧的按钮 ▾ ，在弹出的面板中选择需要的画笔形状，如图3-70所示，在图像窗口中拖曳鼠标擦除不需要的图像，效果如图3-71所示。

 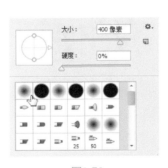 

图3-69　　　　　　　　图3-70　　　　　　　　图3-71

选择"污点修复画笔"工具 ✐ ，属性栏中的设置如图3-72所示，在模特脸上的痘痘处单击鼠标左键，如图3-73所示，去除痘痘，如图3-74所示。使用相同的方法制作其他效果，如图3-75所示。

选择"修补"工具 ▦ ，属性栏中的设置如图3-76所示，在图像窗口中拖曳鼠标选取褶皱区域，生成选区，如图3-77所示。在选区中单击并按住鼠标不放，将选区拖曳到左上方无褶皱的位置，如图3-78所示，松开鼠标，选区中的褶皱图像被新放置选取位置的图像所修补。按"Ctrl+D"组合键，取消选区，效果如图3-79所示。

图3-72

图3-73   图3-74   图3-75

图3-76

图3-77   图3-78   图3-79

　　使用相同的方法制作其他效果，如图3-80所示。瘦身与美容效果制作完成，如图3-81所示。

图3-80   图3-81

设计思路

适当地去除模特皮肤上的瑕疵可以使图片更为美观。

3.2.3 让商品完美无瑕——清除商品上的灰尘

在使用微距拍摄小件商品时，落在商品上的灰尘肉眼大多无法看见，但是使用单反相机拍摄出的图片由于分辨率较高，灰尘会较为明显，需要使用Photoshop将灰尘清除。

【案例知识要点】使用污点修复画笔工具去除商品上的灰尘，效果如图3-82所示。

【素材所在位置】网盘/Ch03/素材/清除商品上的灰尘/01。

【效果所在位置】网盘/Ch03/效果/清除商品上的灰尘.psd。

按"Ctrl+O"组合键，打开网盘中的"Ch03 > 素材 > 清除商品上的灰尘 > 01"文件，如图3-83所示。选择"污点修复画笔"工具 ，在发饰上的灰尘处单击鼠标，如图3-84所示，去除灰尘，如图3-85所示。使用相同的方法制作其他效果，如图3-86所示。

图3-82   图3-83   图3-84

图3-85   图3-86

3.2.4 让眼睛更加清澈——去除红血丝

在拍摄过程中，有可能遇到模特自身生理状况的问题，出现眼睛里有红血丝等暂时无法立刻解决的状况，这时可以通过使用Photoshop将红血丝去除，让模特眼睛更加清澈。

【案例知识要点】使用套索工具和羽化命令绘制选区，使用色相/饱和度命令去除红血丝，效果如图3-87所示。

【素材所在位置】网盘/Ch03/素材/去除红血丝/01。

【效果所在位置】网盘/Ch03/效果/去除红血丝.psd。

按"Ctrl+O"组合键，打开网盘中的"Ch03 > 素材 > 去除红血丝 > 01"文件，如图3-88所示。选择"套索"工具 ，单击属性栏中的"添加到选区"按钮 ，在图像窗口中绘制选区，效果如图3-89所示。

Photoshop CC 淘宝网店设计与装修实战

图3-87

图3-88

图3-89

按"Shift+F6"组合键，弹出"羽化选区"对话框，选项的设置如图3-90所示，单击"确定"按钮，效果如图3-91所示。

图3-90

图3-91

单击"图层"控制面板下方的"创建新的填充或调整图层"按钮 ，在弹出的菜单中选择"色相/饱和度"命令，在"图层"控制面板中生成"色相/饱和度1"图层，同时在弹出的"色相/饱和度"面板中进行设置，如图3-92所示，按"Enter"键，图像效果如图3-93所示。红血丝去除完成。

图3-92

图3-93

3.3 课后习题1——调整偏色的商品图片

【习题知识要点】使用色相/饱和度命令调整偏色的商品图片，效果如图3-94所示。

【素材所在位置】网盘/Ch03/素材/调整偏色的商品图片/01。

【效果所在位置】网盘/Ch03/效果/调整偏色的商品图片.psd。

图3-94

3.4 课后习题2——调整曝光不足的商品图片

【习题知识要点】使用色阶命令调整曝光不足的商品图片，效果如图3-95所示。

【素材所在位置】网盘/Ch03/素材/调整曝光不足的商品图片/01。

【效果所在位置】网盘/Ch03/效果/调整曝光不足的商品图片.psd。

图3-95

第4章
让商品信息传递更准确

本章主要介绍在商品图片设计过程中文字的应用技巧。通过本章的学习，读者要了解并掌握文字的功能及特点，快速地掌握文字的输入方法以及变形文字和路径文字的制作技巧。

学习目标

① 了解文字的编排原则
② 熟练掌握文字的输入与设置方法
③ 掌握文字的变形处理方法
④ 掌握文字的艺术化编排方法

4.1 文字的编排原则

在商品图片设计中，选择合适的字体尤为重要。字体的选择与编排直接影响着商品信息的传达，布局也与整体画面息息相关，利用文字表达出的信息层次要突出重点，直达核心。此外，文字还应与图片风格相搭配，整体画面和谐统一，有利于传达商品信息。在商品图片文字排版过程中，主体文字应尽量挑选较为醒目的字体，突出与买家利益相关的字词，加强视觉效果；而内容文字的字体可以小，但是要尽量清晰，按照视觉习惯，合理布局文字。

4.2 文字的编排

在商品图片中加入适当的文字可以渲染气氛，直观地传递商品信息。将文字进行编排，可以更好地归纳和区分画面中的各项文字内容，让传达的信息主次分明，建造出有序的画面结构。不同的字距和行距可以呈现出不同的视觉效果，适当的排版会营造出整齐、规则的视觉感受。

4.2.1 让文字嵌入商品图片——文字的输入与设置

在Photoshop中，使用"横排文字"工具 T 和"直排文字"工具 IT 可以快速地为图片添加需要的文字。文字与图片相结合，表达更为直观。

1. 文字的输入

选择"横排文字"工具 T ，或按"T"键，其属性栏状态如图4-1所示。

图4-1

切换文本方向⊞：用于切换文字输入的方向。

［微软雅黑｜Regular｜⌄］：用于设定文字的字体及属性。

［⌶ 12点 ⌄］：用于设定字体的大小。

［ᵃa 锐利 ⌄］：用于消除文字的锯齿，包括"无""锐利""犀利""浑厚"和"平滑"5个选项。

［▤▤▤］：用于设定文字的段落格式，分别是"左对齐""居中对齐"和"右对齐"。

■：用于设置文字的颜色。

创建文字变形⚓：用于对文字进行变形操作。

切换字符和段落面板▣：用于打开"段落"和"字符"控制面板。

取消所有当前编辑⊘：用于取消对文字的操作。

提交所有当前编辑✓：用于确定对文字的操作。

"直排文字"工具⊥可以在图像中建立垂直文本，"直排文字"工具属性栏与"横排文字"工具属性栏的功能基本相同。

2. 文字的设置

"字符"控制面板用于编辑文本字符。选择"窗口 > 字符"命令，弹出"字符"控制面板，如图4-2所示。

用于设置字符的字体和样式。

用于设置字符的大小、行距、字距和单个字符所占横向空间的大小。

用于设置字符的形式。

用于设置字符垂直方向的长度、水平方向的长度、角标和字符颜色。

用于设置字典和消除字符的锯齿。

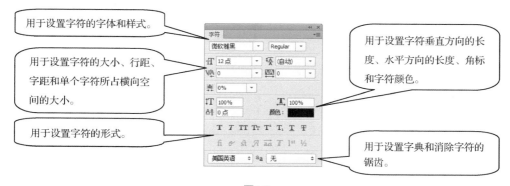

图4-2

【案例知识要点】使用横排文字工具输入文字，使用"字符"控制面板编辑文字，效果如图4-3所示。

【素材所在位置】网盘/Ch04/素材/文字的输入与设置/01、02。

【效果所在位置】网盘/Ch04/效果/文字的输入与设置.psd。

按"Ctrl+O"组合键，打开网盘中的"Ch04 > 素材 > 文字的输入与设置 > 01"文件，如图4-4所示。将前景色设为蓝色（其R、G、B的值分别为5、184、251）。选择"横排文字"工具⊤，在适当的位置输入需要的文字并选取文字，在属性栏中选择合适的字体并设置大小，效果如图4-5所示，在"图层"控制面板中生成新的文字图层。

图4-3

图4-4

图4-5

　　选取文字"男士水能润泽双效洁面膏"，按"Ctrl+T"组合键，在弹出的"字符"控制面板中单击"仿斜体"按钮 T ，将文字倾斜，其他选项的设置如图4-6所示，按"Enter"键确定操作，效果如图4-7所示。

图4-6

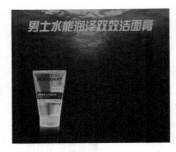

图4-7

　　将前景色设为白色。选择"横排文字"工具 T ，在适当的位置输入需要的文字并选取文字，在属性栏中选择合适的字体并设置大小，效果如图4-8所示，在"图层"控制面板中生成新的文字图层。选取需要的文字，如图4-9所示，按"Alt+ →"组合键，调整文字适当的间距，效果如图4-10所示。使用相同的方法制作其他文字效果，如图4-11所示。

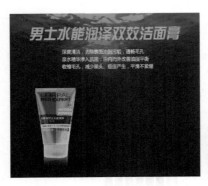

图4-8

图4-9

图4-10   图4-11

按"Ctrl+O"组合键，打开网盘中的"Ch04 > 素材 > 文字的输入与设置 > 02"文件，选择"移动"工具 ，将图片拖曳到图像窗口中适当的位置，并调整其大小，效果如图4-12所示，在"图层"控制面板中生成新图层并将其命名为"选中图标"。

连续两次将"选中图标"图层拖曳到"图层"控制面板下方的"创建新图层"按钮 上进行复制，生成新的拷贝图层。选择"移动"工具 ，在图像窗口中将复制的图片拖曳到适当的位置，效果如图4-13所示。

图4-12   图4-13

选择"横排文字"工具 T ，在适当的位置输入需要的文字并选取文字，在属性栏中选择合适的字体并设置大小，效果如图4-14所示，在"图层"控制面板中生成新的文字图层。选取输入的文字，选择"字符"控制面板，将"设置行距" [自动] 选项设为8点，其他选项的设置如图4-15所示，按"Enter"键确定操作，效果如图4-16所示。

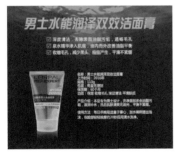

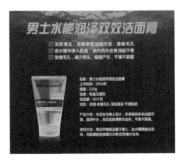

图4-14   图4-15   图4-16

选择"横排文字"工具 T ，选取文字"名称"，选择"字符"控制面板，单击"仿粗体"按钮 T ，将文字加粗，其他选项的设置如图4-17所示，按"Enter"键确定操作，效果如图4-18所示。使用相同的方法制作其他文字效果，如图4-19所示。

将前景色设为蓝色（其R、G、B的值分别为5、184、251）。选择"横排文字"工具 T ，在适当的位置输入需要的文字并选取文字，在属性栏中选择合适的字体并设置大小，单击"居中对齐文本"按钮 ，效果如图4-20所示，在"图层"控制面板中生成新的文字图层。选取文字"2016"，在属性栏中选择合适的字体并设置大小，效果如图4-21所示。

选取文字"NEW"，在属性栏中选择合适的字体并设置大小，在"字符"控制面板中将"设置行距" 选项设为10.2点，其他选项的设置如图4-22所示，按"Enter"键确定操作，效果如图4-23所示。

图4-17

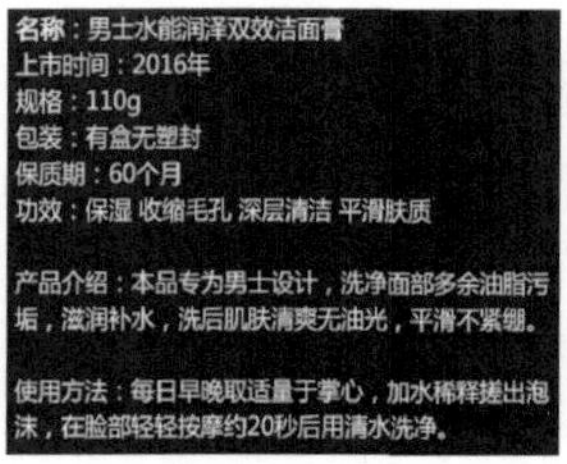

图4-18

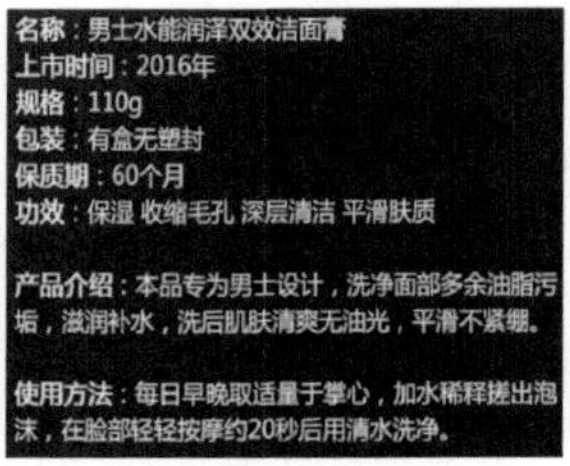

图4-19

图4-20

图4-21

图4-22

图4-23

选择"移动"工具 ，按"Ctrl+T"组合键，在文字周围出现变换框，将鼠标指针放在变换框的控制手柄外边，指针变为旋转图标 ，拖曳鼠标将图像旋转到适当的角度，按"Enter"键确定操作，效果如图4-24所示。

选择"椭圆"工具 ，在属性栏的"选择工具模式"选项中选择"形状"，将"填充颜色"设为无，"描边颜色"设为蓝色（其R、G、B的值分别为5、184、251），将"描边宽度"设为0.25点，按住"Shift"键的同时，在图像窗口中拖曳鼠标绘制圆形，如图4-25所示。文字的输入与设置完成，效果如图4-26所示。

图4-24

图4-25

图4-26

➤➤ 4.2.2　让文字更具创造力——文字的变形处理

使用"创建文字变形"按钮可以使文字呈现出特殊效果,点缀在商品图片中,表现出活泼的氛围。

【案例知识要点】使用横排文字工具输入文字,使用创建文字变形按钮制作变形文字,使用椭圆工具、横排文字工具制作路径文字效果,如图4-27所示。

【素材所在位置】网盘/Ch04/素材/文字的变形处理/01~05。

【效果所在位置】网盘/Ch04/效果/文字的变形处理.psd。

按"Ctrl+O"组合键,打开网盘中的"Ch04 > 素材 > 文字的变形处理 > 01"文件,如图4-28所示。

新建图层组并将其命名为"标志"。按"Ctrl+O"组合键,打开网盘中的"Ch04 > 素材 > 文字的变形处理 > 02"文件,选择"移动"工具 ,将图片拖曳到图像窗口中适当的位置,并调整其大小,效果如图4-29所示,在"图层"控制面板中生成新图层并将其命名为"圆形"。

选择"椭圆"工具 ,在属性栏的"选择工具模式"选项中选择"路径",按住"Shift"键的同时,在图像窗口中绘制圆形路径,如图4-30所示。

图4-27　　　　　　图4-28　　　　　　图4-29　　　　　　图4-30

将前景色设为蓝色(其R、G、B的值分别为27、32、129),选择"横排文字"工具 ,在圆形路径上单击鼠标插入光标,输入需要的文字。选取输入的文字,在属性栏中选择合适的字体并设置文字大小,按"Alt+ ←"组合键,调整文字间距,效果如图4-31所示。

选择"自定形状"工具 ,单击"形状"选项右侧的按钮 ,弹出"形状"面板,单击面板右上方的按钮 ,在弹出的菜单中选择"全部"命令,弹出提示对话框,单击"确定"按钮。在"形状"面板中选择需要的形状,如图4-32所示。在属性栏中的"选择工具模式"选项中选择"形状",将"填充颜色"设为无,"描边颜色"设为蓝色(其R、G、B的值分别为27、32、129),将"描边宽度"设为2点,在图像窗口中拖曳鼠标绘制图形,并将其旋转到适当的角度,效果如图4-33所示。

图4-31

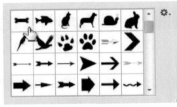
图4-32

图4-33

按"Ctrl+O"组合键，打开网盘中的"Ch04 > 素材 > 文字的变形处理 > 03、04"文件，选择"移动"工具 ，分别将图片拖曳到图像窗口中适当的位置，效果如图4-34所示，在"图层"控制面板中分别生成新的图层并将其命名为"文字""形状"。

单击"图层"控制面板下方的"添加图层样式"按钮 *fx*，在弹出的菜单中选择"描边"命令，弹出对话框，将描边颜色设为白色，其他选项的设置如图4-35所示，单击"确定"按钮，效果如图4-36所示。

图4-34

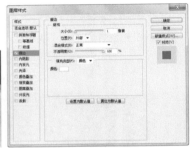
图4-35

图4-36

将前景色设为黄色（其R、G、B的值分别为251、239、10）。选择"横排文字"工具 ，输入需要的文字，选取文字，在属性栏中选择合适的字体并设置文字大小，按"Alt+ →"组合键，调整文字适当间距，效果如图4-37所示，在"图层"控制面板中生成新的文字图层。单击属性栏中的"创建文字变形"按钮 ，在弹出的对话框中进行设置，如图4-38所示，单击"确定"按钮，效果如图4-39所示。

图4-37

图4-38

图4-39

单击"图层"控制面板下方的"添加图层样式"按钮 **fx**，在弹出的菜单中选择"描边"命令，弹出对话框，将描边颜色设为黑色，其他选项的设置如图4-40所示。选择"投影"选项，切换到相应的对话框进行设置，如图4-41所示，单击"确定"按钮，效果如图4-42所示。

图4-40

图4-41　　　　　　　　　　　　图4-42

将前景色设为白色。选择"横排文字"工具 **T**，输入需要的文字并选取文字，在属性栏中选择合适的字体并设置文字大小，按"Alt+←"组合键，调整文字适当的间距，如图4-43所示。在"图层"控制面板中生成新的文字图层。单击属性栏中的"创建文字变形"按钮 **工**，在弹出的对话框中进行设置，如图4-44所示，单击"确定"按钮，效果如图4-45所示。

图4-43　　　　　　　　　　　　图4-44　　　　　　　　　　　　
图4-45

选择"横排文字"工具 **T**，在适当的位置分别输入需要的文字并选取文字，在属性栏中选择合适的字体并设置文字大小，分别调整文字适当的间距和行距，效果如图4-46所示。在"图层"控制面板中分别生成新的文字图层。

新建图层并将其命名为"圆点"。将前景色设为白色。选择"椭圆"工具 **●**，在属性栏的"选择工具模式"选项中选择"像素"，按住"Shift"键的同时，在图像窗口中绘制圆形，如图4-47所示。

使用相同的方法绘制其他圆形，如图4-48所示。单击"标志"图层组左侧的三角形图标 **▼**，将"标志"图层组中的图层隐藏。

图4-46

图4-47

图4-48

按"Ctrl+O"组合键，打开网盘中的"Ch04 > 素材 > 文字的变形处理 > 05"文件，选择"移动"工具，将标志图片拖曳到图像窗口中适当的位置，效果如图4-49所示，在"图层"控制面板中生成新的图层并将其命名为"商标"，如图4-50所示。

图4-49

图4-50

选择"横排文字"工具，输入需要的白色文字并选取文字，在属性栏中选择合适的字体并设置文字大小，按"Alt+ ←"组合键，调整文字到适当的间距，效果如图4-51所示，在"图层"控制面板中生成新的文字图层。单击属性栏中的"创建文字变形"按钮，在弹出的对话框中进行设置，如图4-52所示，单击"确定"按钮，效果如图4-53所示。

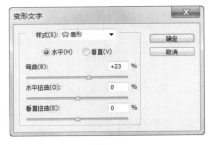

图4-51   图4-52   图4-53

单击"图层"控制面板下方的"添加图层样式"按钮，在弹出的菜单中选择"描边"命令，弹出对话框，将描边颜色设为紫色（其R、G、B的值分别为155、77、127），其他选项的设置如图4-54所示，单击"确定"按钮，效果如图4-55所示。

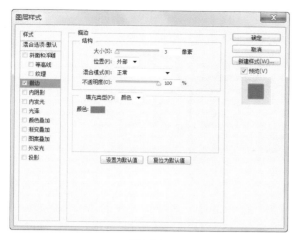

图4-54

图4-55

选择"横排文字"工具 T , 在适当的位置分别输入需要的文字并选取文字, 在属性栏中选择合适的字体并设置文字大小, 效果如图4-56所示, 在"图层"控制面板中生成新的文字图层。

选择"移动"工具 , 按"Ctrl+T"组合键, 在文字周围出现变换框, 按住"Alt"键的同时, 选中文字上方中间的控制手柄, 向右拖曳鼠标到适当的位置将文字倾斜。按"Enter"键确认操作, 效果如图4-57所示。文字的变形处理完成, 效果如图4-58所示。

图4-56

图4-57

图4-58

4.2.3 用文字营造气氛——文字的艺术化编排

在实际设计过程中, 有时需要将文字经过艺术化的编排来营造氛围。

1. 初冬特惠季

【案例知识要点】使用横排文字工具输入文字, 使用栅格化文字命令将文字转换为图像, 使用自由变换命令制作文字特效, 使用钢笔工具为文字添加特殊效果, 使用添加图层样式按钮制作文字描边效果, 使用直线工具绘制直线, 效果如图4-59所示。

【素材所在位置】网盘/Ch04/素材/文字的艺术化编排1/01。
【效果所在位置】网盘/Ch04/效果/文字的艺术化编排1.psd。

图4-59

按"Ctrl+O"组合键,打开网盘中的"Ch04 > 素材 > 文字的艺术化编排1 > 01"文件,如图4-60所示。将前景色设为粉色(其R、G、B的值分别为255、85、112)。选择"横排文字"工具 T,在适当的位置输入需要的文字并选取文字,在属性栏中选择合适的字体并设置大小,效果如图4-61所示,在"图层"控制面板中生成新的文字图层。

图4-60 | 图4-61

选择"类型 > 栅格化文字图层"命令,将文字图层转换为图像图层,如图4-62所示。选择"矩形选框"工具,在图像窗口中绘制矩形选区,如图4-63所示。

图4-62 | 图4-63

按"Ctrl+T"组合键,图像周围出现变换框,在变换框中单击鼠标右键,在弹出的菜单中选择"透视"命令,拖曳左上角的控制手柄将图片进行透视变形,如图4-64所示。在变换框中单击鼠标右键,在弹出的菜单中选择"自由变换"命令,拖曳左侧变换手柄调整图片,按"Enter"键确定操作,按"Ctrl+D"组合键取消选区,效果如图4-65所示。

图4-64　　　　　　　　　　　　　　　　　　　图4-65

　　使用相同的方法制作其他文字效果，如图4-66所示。新建图层并将其命名为"初冬特惠季 拷贝"。按住"Ctrl"键的同时，单击"初冬特惠季"图层的缩览图，图像周围生成选区，如图4-67所示。

图4-66　　　　　　　　　　　　　　　　　　　图4-67

　　将前景色设为黄色（其R、G、B的值分别为255、248、54），按"Alt+Delete"组合键，用前景色填充选区，效果如图4-68所示。按"Ctrl+T"组合键，图像周围出现变换框，按住"Alt+Shift"键的同时，拖曳右上角的控制手柄等比例缩小文字，按"Enter"键确定操作，效果如图4-69所示。

图4-68　　　　　　　　　　　　　　　　　　　图4-69

　　新建图层并将其命名为"文字衬底"。将前景色设为深红色（其R、G、B的值分别为95、10、19）。选择"钢笔"工具，在属性栏的"选择工具模式"选项中选择"路径"，在图像窗口中绘制路径，如图4-70所示。按"Ctrl+Enter"组合键，将路径转换为选区。按"Alt+Delete"组合键，用前景色填充选区，按"Ctrl+D"组合键取消选区，效果如图4-71所示。

　　在"图层"控制面板中，将"文字衬底"图层拖曳到"初冬特惠季"图层的下方，如图4-72所示，图像效果如图4-73所示。

图4-70 图4-71

图4-72

图4-73

新建图层并将其命名为"高光"。将前景色设为白色。选择"钢笔"工具，在图像窗口中分别绘制路径，如图4-74所示。按"Ctrl+Enter"组合键，将路径转换为选区。按"Alt+Delete"组合键，用前景色填充选区，按"Ctrl+D"组合键取消选区，效果如图4-75所示。

图4-74 图4-75

将前景色设为黄色（其R、G、B的值分别为255、248、54）。选择"横排文字"工具，在适当的位置分别输入需要的文字并选取文字，在属性栏中选择合适的字体并设置大小，效果如图4-76所示，在"图层"控制面板中生成新的文字图层。

选中"数码大搜购"图层，单击"图层"控制面板下方的"添加图层样式"按钮，在弹出的菜单中选择"描边"命令，弹出对话框，将描边颜色设为粉色（其R、G、B的值分别为255、85、112），其他选项的设置如图4-77所示，单击"确定"按钮，效果如图4-78所示。

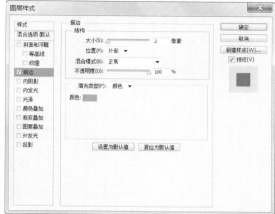

图4-76　　　　　　　　　　　　　　　　图4-77

图4-78

　　将前景色设为白色。选择"横排文字"工具 T，在适当的位置输入需要的文字并选取文字，在属性栏中选择合适的字体并设置大小，效果如图4-79所示，在"图层"控制面板中生成新的文字图层。选择"直线"工具 ，在属性栏的"选择工具模式"选项中选择"形状"，在图像窗口中分别绘制直线，效果如图4-80所示。

图4-79　　　　　　　　　　　　　　　　图4-80

　　新建图层并将其命名为"装饰"。将前景色设为黄色（其R、G、B的值分别为255、248、54）。选择"多边形套索"工具 ，单击属性栏中的"添加到选区"按钮 ，在图像窗口中绘制选区，如图4-81所示。按"Alt+Delete"组合键，用前景色填充选区，按"Ctrl+D"组合键取消选区，效果如图4-82所示。

　　使用相同的方法绘制选区并填充适当的颜色，效果如图4-83所示。初冬特惠季制作完成。

图4-81

图4-82

图4-83

2. 饮水机广告

【案例知识要点】使用栅格化命令、套索工具、钢笔工具制作标题文字，使用创建剪贴蒙版命令制作水滴效果，使用收缩和羽化命令制作立体字效果，效果如图4-84所示。

【素材所在位置】网盘/Ch04/素材/文字的艺术化编排2/01、02。

【效果所在位置】网盘/Ch04/素材/文字的艺术化编排2.psd。

按"Ctrl+O"组合键，打开网盘中的"Ch04 > 素材 > 文字的艺术化编排2 > 01"文件，如图4-85所示。将前景色设为深蓝色（其R、G、B的值分别为0、54、124）。选择"横排文字"工具 T.，在适当的位置输入需要的文字并选取文字，在属性栏中选择合适的字体并设置大小，如图4-86所示，在"图层"控制面板中生成新的文字图层。

图4-84

图4-85

图4-86

选择"图层 > 栅格化 > 文字"命令，将文字图层转换为图像图层。选择"套索"工具 ，在"健"字下方绘制选区，如图4-87所示。按"Delete"键，将选区中的图像删除。按"Ctrl+D"组合键取消选区，效果如图4-88所示。用相同的方法删除其他不需要的图像，效果如图4-89所示。

图4-87   图4-88   图4-89

圈选文字"健",如图4-90所示。选择"移动"工具 ，将文字向上拖曳到适当的位置。按"Ctrl+D"组合键取消选区,效果如图4-91所示。用相同的方法调整其他文字的位置,效果如图4-92所示。

新建图层生成"图层1"。选择"钢笔"工具 ,在图像窗口中拖曳鼠标绘制多个闭合路径,如图4-93所示。

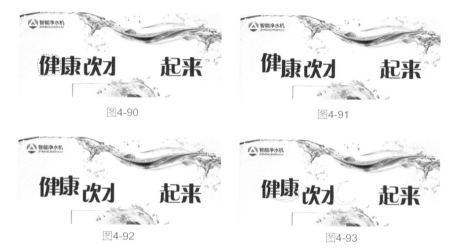

图4-90   图4-91

图4-92   图4-93

按"Ctrl+Enter"组合键将路径转换为选区。按"Alt+Delete"组合键用前景色填充选区,按"Ctrl+D"组合键取消选区,效果如图4-94所示。在"图层"控制面板中,按住"Shift"键的同时,将"图层1"图层和"健康饮水 起来"图层同时选取,按"Ctrl+E"组合键,合并图层并将其命名为"文字"。

将前景色设为白色。按住"Ctrl"键的同时,单击"文字"图层的图层缩览图,文字图像周围生成选区。按"Alt+Delete"组合键,用前景色填充选区,按"Ctrl+D"组合键取消选区,效果如图4-95所示。

图4-94   图4-95

单击"图层"控制面板下方的"添加图层样式"按钮 **fx**，在弹出的下拉菜单中选择"斜面和浮雕"命令，在弹出的对话框中进行设置，如图4-96所示。选择"描边"选项，弹出对话框，将描边颜色设为深蓝色（其R、G、B的值分别为27、52、97），其他选项的设置如图4-97所示，单击"确定"按钮，效果如图4-98所示。

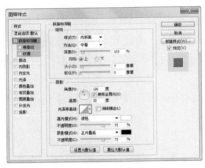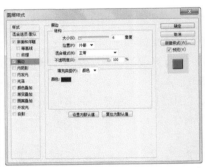

图4-96	图4-97	图4-98

按"Ctrl+O"组合键，打开网盘中的"Ch04 > 素材 > 文字的艺术化编排2 > 02"文件，选择"移动"工具 ，将图片拖曳到图像窗口中适当的位置，效果如图4-99所示，在"图层"控制面板中生成新的图层并将其命名为"水滴"。按"Ctrl+Alt+G"组合键，为"水滴"图层创建剪贴蒙版，效果如图4-100所示。

将前景色设为墨绿色（其R、G、B的值分别为0、61、30）。新建图层并将其命名为"活"。选择"钢笔"工具 ，在图像窗口中拖曳鼠标绘制多个闭合路径，如图4-101所示。按"Ctrl+Enter"组合键将路径转化为选区。按"Alt+Delete"组合键，用前景色填充选区，按"Ctrl+D"组合键取消选区，效果如图4-102所示。

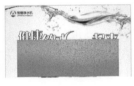

图4-99	图4-100	图4-101	图4-102

将前景色设为绿色（其R、G、B的值分别为76、183、72）。将"活"图层拖曳到控制面板下方的"创建新图层"按钮 上进行复制，生成新的拷贝图层。按住"Ctrl"键的同时，单击"活 拷贝"的图层缩览图，图像周围生成选区，如图4-103所示。按"Alt+Delete"组合键，用前景色填充选区，按"Ctrl+D"组合键取消选区，效果如图4-104所示。选择"移动"工具 ，按住"Shift"键的同时，垂直向上拖曳到适当的位置，效果如图4-105所示。

将前景色设为黄绿色（其R、G、B的值分别为218、220、49）。新建图层并将其命名为"高光"。按住"Ctrl"键的同时，单击"活 拷贝"的图层缩览图，图像周围生成选区，如图4-106所示。

选择"选择 > 修改 > 收缩"命令，弹出"收缩选区"对话框，选项的设置如图4-107所示，单击"确定"按钮，效果如图4-108所示。

图4-103　　　　　　　　　　图4-104　　　　　　　　　　图4-105

图4-106　　　　　　　　　　图4-107　　　　　　　　　　图4-108

选择"选择 > 修改 > 羽化"命令，弹出"羽化选区"对话框，选项的设置如图4-109所示，单击"确定"按钮，效果如图4-110所示。按"Alt+Delete"组合键，用前景色填充选区，按"Ctrl+D"组合键取消选区，效果如图4-111所示。

将前景色设为白色。新建图层并将其命名为"高光2"。选择"钢笔"工具 🖊️，在图像窗口中拖曳鼠标绘制多个闭合路径。按"Ctrl+Enter"组合键将路径转换为选区。按"Alt+Delete"组合键，用前景色填充选区，按"Ctrl+D"组合键取消选区，效果如图4-112所示。饮水机广告制作完成，效果如图4-113所示。

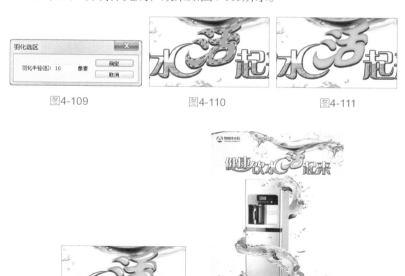

图4-109　　　　　　　　　　图4-110　　　　　　　　　　图4-111

图4-112　　　　　　　　　　图4-113

4.3 课后习题1——制作网页服饰广告

【习题知识要点】使用多边形套索工具和填充命令制作背景效果，使用横排文字工具和"字符"控制面板制作文字效果，如图4-114所示。

【素材所在位置】网盘/Ch04/素材/制作网页服饰广告/01。

【效果所在位置】网盘/Ch04/效果/制作网页服饰广告.psd。

图4-114

4.4 课后习题2——制作春夏新品上市广告

【习题知识要点】使用横排文字工具和"字符"控制面板制作文字效果，使用栅格化文字命令将需要的文字转换为图像，使用创建剪贴蒙版命令和图层样式制作文字效果，如图4-115所示。

【素材所在位置】网盘/Ch04/素材/缤纷夏日/01、02。

【效果所在位置】网盘/Ch04/效果/缤纷夏日.psd。

图4-115

第5章
快速激发买家的购买欲望

本章将主要介绍使用Photoshop合成图片和制作特效的方法和技巧。通过本章的学习,读者可以掌握商品合成和制作特效的方法,进而在商品图片处理中更好地突出商品,弥补拍摄时的不足,吸引买家眼光,快速表现出商品信息。

学习目标

① 掌握添加装饰元素的方法
② 掌握添加水印的方法
③ 掌握添加边框的方法
④ 掌握为商品添加倒影的方法
⑤ 掌握制作高清效果的方法
⑥ 掌握合成服饰搭配的方法
⑦ 掌握制作绚丽的耀斑效果的方法
⑧ 掌握模拟小景深效果的方法
⑨ 掌握为商品制作萦绕光线效果的方法
⑩ 掌握制作火焰效果的方法
⑪ 掌握添加闪烁点的方法

5.1 拼合出来的商品魅力

图片合成是商品图片处理的常用方法之一。合成可以为商品更换材质或背景,也可以添加相关素材,烘托商品主体,激发买家的购买欲望。

5.1.1 让画面更加丰富——添加装饰元素

为商品图片添加一些相关联的元素,可以使画面更加丰富,表现商品特点,突出商品信息。

【案例知识要点】使用移动工具、矩形选框工具、填充命令和变换制作照片效果,使用移动工具添加素材图片,使用文字工具添加广告语,效果如图5-1所示。

【素材所在位置】网盘/Ch05/素材/添加装饰元素/01～05。

【效果所在位置】网盘/Ch05/效果/添加装饰元素.psd。

按"Ctrl+O"组合键,打开网盘中的"Ch05 > 素材 > 添加装饰元素 > 01"文件,如图5-2所示。新建图层并将其命名为"相片"。将前景色设为白色。选择"矩形选框"工

Photoshop CC 淘宝网店设计与装修实战

具 ⬚，在图像窗口中绘制矩形选区，如图5-3所示。按"Alt+Delete"组合键，用前景色填充选区，按"Ctrl+D"组合键，取消选区，效果如图5-4所示。

图5-1

图5-2

图5-3

图5-4

单击"图层"控制面板下方的"添加图层样式"按钮 *fx.*，在弹出的菜单中选择"投影"命令，在弹出的对话框中进行设置，如图5-5所示，单击"确定"按钮，效果如图5-6所示。

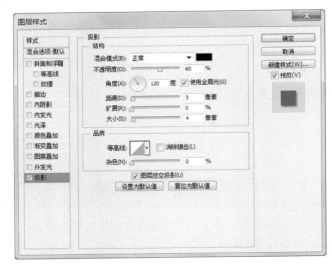
图5-5

图5-6

按"Ctrl+O"组合键，打开网盘中的"Ch05 > 素材 > 添加装饰元素 > 02"文件，选择"移动"工具 ⬥，将图片拖曳到图像窗口中适当的位置，并调整其大小，效果如图5-7所示，在"图层"控制面板中生成新图层并将其命名为"图片"。

在"图层"控制面板中，按住"Ctrl"键的同时，选择"图片"和"相片"。按"Ctrl+G"组合键，编组图层并将其命名为"照片"。按"Ctrl+T"组合键，在图像周围出现变换框，将鼠标指针放在变换框的控制手柄外边，指针变为旋转 ↻ 图标，拖曳鼠标将图像旋转到适当的角度，按"Enter"键确定操作，效果如图5-8所示。

将"照片"图层拖曳到"图层"控制面板下方的"创建新图层"按钮 上进行复制，生成新的图层组"照片 拷贝"。按"Ctrl+T"组合键，在图像周围出现变换框，将指针放在变换框的控制手柄外边，指针变为旋转图标 ↻，拖曳鼠标将图像旋转到适当的角度，按"Enter"键确定操作，效果如图5-9所示。

按"Ctrl+O"组合键，打开网盘中的"Ch05 > 素材 > 添加装饰元素 > 03、04"文件，选择"移动"工具 ，分别将图片拖曳到图像窗口中适当的位置，并调整其大小，效果如图5-10所示，在"图层"控制面板中生成新图层并将其命名为"海星""单反相机"。

将前景色设为白色。选择"横排文字"工具 ，在适当的位置输入需要的文字并选取文字，在属性栏中选择合适的字体并设置文字大小，效果如图5-11所示，在"图层"控制面板中生成新的文字图层。

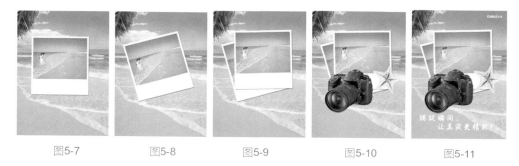

图5-7　　　　　图5-8　　　　　图5-9　　　　　图5-10　　　　　图5-11

选择"捕捉瞬间，让真实更精彩！"图层。单击"图层"控制面板下方的"添加图层样式"按钮 ，在弹出的菜单中选择"投影"命令，在弹出的对话框中进行设置，如图5-12所示，单击"确定"按钮，效果如图5-13所示。

按"Ctrl+O"组合键，打开网盘中的"Ch05 > 素材 > 添加装饰元素 > 05"文件，选择"移动"工具 ，将图片拖曳到图像窗口中适当的位置，效果如图5-14所示，在"图层"控制面板中生成新图层并将其命名为"文字信息"。装饰元素添加完成。

图5-12

图5-13

图5-14

▶▶ 5.1.2 避免商品图片被盗——添加水印

为商品图片添加水印可以有效防止被盗图，将自己网店的标志和名称制作成水印还可以在一定程度上起到宣传网店的作用。

【案例知识要点】使用横排文字工具添加店铺名称，使用自定形状工具绘制店铺标志，使用图层控制面板制作水印透明效果，如图5-15所示。

【素材所在位置】网盘/Ch05/素材/添加水印/01。

【效果所在位置】网盘/Ch05/效果/添加水印.psd。

按"Ctrl+O"组合键，打开网盘中的"Ch05 > 素材 > 添加水印 > 01"文件，如图5-16所示。将前景色设为白色。选择"横排文字"工具 T.，在适当的位置输入需要的文字并选取文字，在属性栏中选择合适的字体并设置文字大小，效果如图5-17所示，在"图层"控制面板中生成新的文字图层。

图5-15

图5-16

图5-17

选择"自定形状"工具 ，单击"形状"选项右侧的 ，弹出"形状"面板，单击面板右上方的按钮 ，在弹出的菜单中选择"装饰"命令，弹出提示对话框，单击"追加"按钮。在"形状"面板中选中图形"装饰5"，如图5-18所示。在属性栏的"选择工具模式"选项中选择"形状"，在图像窗口中拖曳光标绘制图形，如图5-19所示。

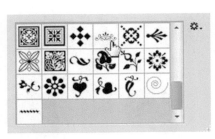
图5-18

图5-19

在"图层"控制面板中，按住"Ctrl"键的同时，选择"形状1"和"悦馨家纺"。

按"Ctrl+G"组合键，编组图层并将其命名为"水印"。在"图层"控制面板上方，将"水印"图层的"不透明度"选项设为55%，如图5-20所示，图像效果如图5-21所示。

图5-20

图5-21

5.1.3 让商品装饰更精美——添加边框

为商品添加精美的边框进行修饰可以使图片效果更出众，吸引买家的眼光，增加商品销售率。

【案例知识要点】使用移动工具添加素材图片，使用添加图层蒙版按钮、画笔工具擦除不需要的图像，使用调整图层调整商品色调，使用文字工具添加文字，效果如图5-22所示。

【素材所在位置】网盘～Ch05/素材/添加边框/01～04。

【效果所在位置】网盘～Ch05/效果/添加边框.psd。

按"Ctrl+N"组合键，新建一个文件，宽度为15cm，高度为21cm，分辨率为300像素/英寸，颜色模式为RGB，背景内容为白色，单击"确定"按钮。将前景色设为黑色，按"Alt+Delete"组合键，用前景色填充"背景"图层，效果如图5-23所示。

按"Ctrl+O"组合键，打开网盘中的"Ch05 > 素材 > 添加边框 > 01"文件，选择"移动"工具，将图片拖曳到图像窗口中适当的位置并调整大小，效果如图5-24所示，在"图层"控制面板中生成新图层并将其命名为"边框"。

图5-22

图5-23

图5-24

按"Ctrl+O"组合键，打开网盘中的"Ch05 > 素材 > 添加边框 > 02"文件，选择"移动"工具 🔾，将人物图片拖曳到图像窗口中适当的位置，并调整其大小，效果如图5-25所示，在"图层"控制面板中生成新图层并将其命名为"人物"。

单击"图层"控制面板下方的"添加图层蒙版"按钮 ◻，为"人物"图层添加图层蒙版，如图5-26所示。将前景色设为黑色。选择"画笔"工具 ✎，在属性栏中单击"画笔"选项右侧的按钮 ·，在弹出的面板中选择需要的画笔形状，如图5-27所示，在图像窗口中拖曳鼠标擦除不需要的图像，效果如图5-28所示。

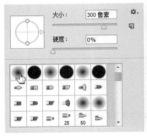

图5-25　　　　　　　　图5-26　　　　　　　　图5-27　　　　　　　　图5-28

按"Ctrl+O"组合键，打开网盘中的"Ch05 > 素材 > 添加边框 > 03"文件，选择"移动"工具 🔾，将图片拖曳到图像窗口中适当的位置，并调整其大小，效果如图5-29所示，在"图层"控制面板中生成新图层并将其命名为"耳坠"。

单击"图层"控制面板下方的"创建新的填充或调整图层"按钮 ◓，在弹出的菜单中选择"曲线"命令，在"图层"控制面板中生成"曲线1"图层，同时弹出"曲线"面板，在曲线上单击鼠标添加控制点，将"输入"选项设为165，"输出"选项设为212，如图5-30所示。按"Enter"键确定操作，图像效果如图5-31所示。

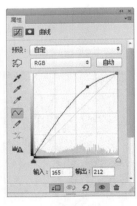

图5-29　　　　　　　　图5-30　　　　　　　　图5-31

按"Ctrl+Alt+G"组合键，为"曲线1"图层创建剪贴蒙版，图像效果如图5-32所示。单击"图层"控制面板下方的"创建新的填充或调整图层"按钮 ◓，在弹出的菜单中选择"色相/饱和度"命令，在"图层"控制面板中生成"色相/饱和度1"图层，同时在弹出的"色相/饱和度"面板中进行设置，如图5-33所示，按"Enter"键确定操作，图像效果如图5-34所示。

图5-32   图5-33   图5-34

按"Ctrl+Alt+G"组合键，为"色相/饱和度1"图层创建剪贴蒙版，图像效果如图5-35所示。

按"Ctrl+O"组合键，打开网盘中的"Ch05 > 素材 > 添加边框 > 04"文件，选择"移动"工具 ，将图片拖曳到图像窗口中适当的位置并调整大小，效果如图5-36所示，在"图层"控制面板中生成新图层并将其命名为"英文"。

图5-35   图5-36

在"图层"控制面板上方，将"英文"图层的"不透明度"选项设为30%，如图5-37所示，图像效果如图5-38所示。

将前景色设为白色。选择"横排文字"工具 ，在适当的位置输入需要的文字并选取文字，在属性栏中选择合适的字体并设置文字大小，效果如图5-39所示，在"图层"控制面板中生成新的文字图层。

图5-37

图5-38

　　选取文字"美人鱼的眼泪"，按"Ctrl+T"组合键，在弹出的"字符"面板中进行设置，如图5-40所示，按"Enter"键确定操作，效果如图5-41所示。使用相同的方法制作其他文字效果，如图5-42所示。

图5-39

图5-40

图5-41

图5-42

　　在"图层"控制面板上方，将"美人鱼的眼泪"图层的"不透明度"选项设为80%，如图5-43所示，图像效果如图5-44所示。

图5-43

图5-44

在"图层"控制面板上方,将"复古风蓝宝石耳坠"图层的"不透明度"选项设为80%,如图5-45所示,图像效果如图5-46所示。边框添加完成,效果如图5-47所示。

图5-45　　　　　　　　　　　　图5-46　　　　　　　　　　　　图5-47

5.1.4　让商品适应环境——添加倒影

在拍摄珠宝、腕表等反光面多并受周边环境影响大的商品时,为了凸显商品的质感,通常会弱化背景,采用黑、白等无彩色背景来衬托商品,并制作镜面倒影来彰显商品质量,提高销量。

【案例知识要点】使用变换命令、添加图层蒙版和渐变工具制作倒影效果,使用矩形选框工具、渐变工具和图层混合模式制作镜面效果,效果如图5-48所示。

【素材所在位置】网盘/Ch05/素材/添加倒影/01～03。

【效果所在位置】网盘/Ch05/效果/添加倒影.psd。

按"Ctrl+N"组合键,新建一个文件,宽度为29.7cm,高度为21cm,分辨率为300像素/英寸,颜色模式为RGB,背景内容为白色,单击"确定"按钮。将前景色设为黑色,按"Alt+Delete"组合键,用前景色填充"背景"图层,效果如图5-49所示。

按"Ctrl+O"组合键,打开网盘中的"Ch05 > 素材 > 添加倒影 > 01"文件,选择"移动"工具,将图片拖曳到图像窗口中适当的位置,并调整其大小,效果如图5-50所示,在"图层"控制面板中生成新图层并将其命名为"齿轮图片"。

图5-48　　　　　　　　　　　　图5-49　　　　　　　　　　　　图5-50

在"图层"控制面板上方,将"齿轮图片"图层的"不透明度"选项设为15%,如图5-51所示,图像效果如图5-52所示。

单击"图层"控制面板下方的"添加图层蒙版"按钮 ◙ ，为"齿轮图片"图层添加图层蒙版，如图5-53所示。选择"渐变"工具 ▣ ，单击属性栏中的"点按可编辑渐变"按钮 ▬ ，弹出"渐变编辑器"对话框，将渐变色设为黑色到白色，选中属性栏中的"径向渐变"按钮 ▣ ，在图像窗口中拖曳光标填充渐变色，效果如图5-54所示。

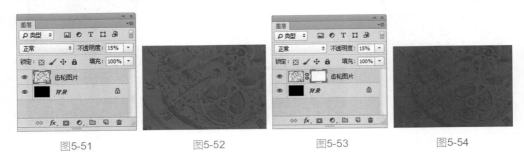

| 图5-51 | 图5-52 | 图5-53 | 图5-54 |

新建图层并将其命名为"镜面"。选择"矩形选框"工具 ▣ ，在图像窗口中绘制矩形选区，如图5-55所示。选择"渐变"工具 ▣ ，单击属性栏中的"点按可编辑渐变"按钮 ▬ ，弹出"渐变编辑器"对话框，将渐变色设为黑色到透明色，选中属性栏中的"线性渐变"按钮 ▣ ，按住"Shift"键的同时，在图像窗口中拖曳光标填充渐变色，按"Ctrl+D"组合键，取消选区，效果如图5-56所示。

新建图层并将其命名为"镜面反光"。选择"矩形选框"工具 ▣ ，在图像窗口中绘制矩形选区，如图5-57所示。选择"渐变"工具 ▣ ，单击属性栏中的"点按可编辑渐变"按钮 ▬ ，弹出"渐变编辑器"对话框，将渐变色设为黑色到白色，按住"Shift"键的同时，在图像窗口中拖曳光标填充渐变色，按"Ctrl+D"组合键，取消选区，效果如图5-58所示。

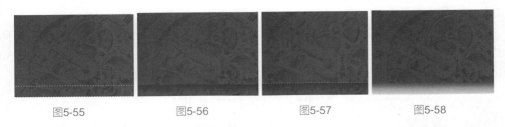

| 图5-55 | 图5-56 | 图5-57 | 图5-58 |

在"图层"控制面板上方，将"镜面反光"图层的"不透明度"选项设为20%，如图5-59所示，图像效果如图5-60所示。

按"Ctrl+O"组合键，打开网盘中的"Ch05 > 素材 > 添加倒影 > 02、03"文件，选择"移动"工具 ▶+ ，分别将图片拖曳到图像窗口中适当的位置，并调整其大小，效果如图5-61所示，在"图层"控制面板中分别生成新图层并将其命名为"金表"和"银表"。

将"金表"图层拖曳到"图层"控制面板下方的"创建新图层"按钮 ▣ 上进行复制，生成新的图层"金表 拷贝"。按"Ctrl+T"组合键，图像周围出现变换框，在变换框中单击鼠标右键，在弹出的菜单中选择"垂直翻转"命令，垂直翻转图片并将其拖曳到适当的位置，按"Enter"键确定操作，效果如图5-62所示。

图5-59 图5-60

图5-61 图5-62

　　在"图层"控制面板上方，将"金表 拷贝"图层的"不透明度"选项设为30%，图像效果如图5-63所示。单击"图层"控制面板下方的"添加图层蒙版"按钮 ，为"金表拷贝"图层添加图层蒙版。选择"渐变"工具 ，按住"Shift"键的同时，在图像窗口中拖曳光标填充渐渐变色，效果如图5-64所示。

　　使用相同的方法制作其他倒影效果，如图5-65所示。倒影添加完成。

图5-63 图5-64 图5-65

≫≫ 5.1.5　让画面视觉冲击力更强——制作高清效果

　　为了吸引买家的注意，在商品图片中制作丰富的视觉效果很有必要。例如制作计算机、电视等商品海报时，为了体现高清流畅的3D影像播放效果，可以制作出呼之欲出的屏幕效果，具有很强的视觉冲击力，提升商品的魅力。

【案例知识要点】使用移动工具添加素材图片，使用多边形套索工具绘制选区，使用创建剪贴蒙版命令制作电视屏幕效果，使用羽化命令和高斯模糊滤镜命令制作阴影效果，使用横排文字工具添加广告语，效果如图5-66所示。

【素材所在位置】网盘/Ch05/素材/制作高清效果/01～03。

【效果所在位置】网盘/Ch05/效果/制作高清效果.psd。

图5-66

按"Ctrl+N"组合键，新建一个文件，宽度为20cm，高度为10cm，分辨率为300像素/英寸，颜色模式为RGB，背景内容为白色，单击"确定"按钮。选择"渐变"工具 ，单击属性栏中的"点按可编辑渐变"按钮 ，弹出"渐变编辑器"对话框，将渐变颜色设为从白色到蓝灰色（其R、G、B的值分别为220、225、236），如图5-67所示，单击"确定"按钮。选中属性栏中的"径向渐变"按钮 ，按住"Shift"键的同时，在图像上由中心至右拖曳光标填充渐变色，效果如图5-68所示。

图5-67

图5-68

按"Ctrl+O"组合键，打开网盘中的"Ch05 > 素材 > 制作高清效果 > 01"文件，选择"移动"工具 ，将图片拖曳到图像窗口中适当的位置，效果如图5-69所示，在"图层"控制面板中生成新图层并将其命名为"电视"。

选择"多边形套索"工具 🔽 ，在图像窗口中沿着电视屏幕边缘绘制选区，如图5-70所示。按"Ctrl+J"组合键，将选区中的图像复制到新图层中并将其命名为"电视屏幕"。

图5-69   图5-70

按"Ctrl+O"组合键，打开网盘中的"Ch05 > 素材 > 制作高清效果 > 02"文件，选择"移动"工具 ⊕ ，将图片拖曳到图像窗口中适当的位置，效果如图5-71所示，在"图层"控制面板中生成新图层并将其命名为"背景"。按"Ctrl+Alt+G"组合键，为"背景"图层创建剪贴蒙版，图像效果如图5-72所示。

图5-71   图5-72

按"Ctrl+O"组合键，打开网盘中的"Ch05 > 素材 > 制作高清效果 > 03"文件，选择"移动"工具 ⊕ ，将图片拖曳到图像窗口中适当的位置，效果如图5-73所示，在"图层"控制面板中生成新图层并将其命名为"飞船"。

新建图层并将其命名为"阴影"。将前景色设为黑色。选择"椭圆选框"工具 ◯ ，在图像窗口中绘制椭圆选区，如图5-74所示。

图5-73   图5-74

按"Shift+F6"组合键，弹出"羽化选区"对话框，选项的设置如图5-75所示，单击"确定"按钮，效果如图5-76所示。

图5-75   图5-76

按"Alt+Delete"组合键，用前景色填充选区，按"Ctrl+D"组合键，取消选区，效果如图5-77所示。按"Ctrl+T"组合键，在图像周围出现变换框，将鼠标指针放在变换框的控制手柄外边，指针变为旋转图标，拖曳鼠标将图像旋转到适当的角度，按"Enter"键确定操作，效果如图5-78所示。

图5-77   图5-78

在"图层"控制面板上方，将"阴影"图层的"不透明度"选项设为74%，如图5-79所示，图像效果如图5-80所示。

图5-79   图5-80

在"图层"控制面板中，将"阴影"图层拖曳到"电视"图层的下方，如图5-81所示，图像效果如图5-82所示。

图5-81

图5-82

选择"横排文字"工具 T ，在适当的位置输入需要的文字并选取文字，在属性栏中选择合适的字体并设置文字大小，效果如图5-83所示，在"图层"控制面板中生成新的文字图层。高清效果制作完成。

图5-83

>> 5.1.6 捆绑销售——合成商品搭配

在商品详情页中添加与之搭配的商品，有可能实现捆绑销售，增加商品销售概率。恰当的排版也会提升商品魅力。

【案例知识要点】使用移动工具添加素材图片，使用高斯模糊滤镜命令制作底图效果，使用多边形套索工具绘制选区，使用创建剪贴蒙版命令制作人物效果，使用横排文字工具添加标题，效果如图5-84所示。

【素材所在位置】网盘/Ch05/素材/合成服饰搭配/01～11。

【效果所在位置】网盘/Ch05/效果/合成服饰搭配.psd。

按"Ctrl+N"组合键，新建一个文件，宽度为10cm，高度为10cm，分辨率为300像素/英寸，颜色模式为RGB，背景内容为白色，单击"确定"按钮。按"Ctrl+O"组合键，打开网盘中的"Ch05 > 素材 > 合成服饰搭配 > 01"文件，选择"移动"工具 ，将图片拖曳到图像窗口中适当的位置，并调整其大小，效果如图5-85所示，在"图层"控制面板中生成新图层并将其命名为"底图"。

选择"滤镜 > 模糊 > 高斯模糊"命令，在弹出的对话框中进行设置，如图5-86所示，单击"确定"按钮，效果如图5-87所示。

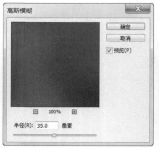

图5-84   图5-85   图5-86   图5-87

新建图层并将其命名为"色块"。将前景色设为白色。选择"多边形套索"工具，按住"Shift"键的同时，在图像窗口绘制选区，效果如图5-88所示。按"Alt+Delete"组合键，用前景色填充选区，按"Ctrl+D"组合键，取消选区，效果如图5-89所示。

按"Ctrl+O"组合键，打开网盘中的"Ch05 > 素材 > 合成服饰搭配 > 02"文件，选择"移动"工具，将人物图片拖曳到图像窗口中适当的位置，并调整其大小，效果如图5-90所示，在"图层"控制面板中生成新图层并将其命名为"人物"。按"Ctrl+Alt+G"组合键，为"人物"图层创建剪贴蒙版，图像效果如图5-91所示。

图5-88   图5-89   图5-90   图5-91

按"Ctrl+O"组合键，打开网盘中的"Ch05 > 素材 > 合成服饰搭配 > 03～06"文件，选择"移动"工具，分别将服饰图片拖曳到图像窗口中适当的位置，并调整其大小，效果如图5-92所示，在"图层"控制面板中分别生成新图层并将其命名为"裙子""毛衣""包"和"高跟鞋"。

在"图层"控制面板中，按住"Shift"键的同时，将"高跟鞋"图层和"裙子"图层之间的所有图层同时选取，如图5-93所示。按"Ctrl+G"组合键，编组图层并将其命名为"服饰"，如图5-94所示。

按"Ctrl+O"组合键，打开网盘中的"Ch05 > 素材 > 合成服饰搭配 > 07～10"文件，选择"移动"工具，分别将图片拖曳到图像窗口中适当的位置，并调整其大小，效果如图5-95所示，在"图层"控制面板中分别生成新图层并将其命名为"腮红""手链""护肤品"和"香水"。

在"图层"控制面板中，按住"Shift"键的同时，将"香水"图层和"腮红"图层之间的所有图层同时选取，如图5-96所示。按"Ctrl+G"组合键，编组图层并将其命名为"配饰和化妆品"，如图5-97所示。

图5-92   图5-93   图5-94

图5-95   图5-96   图5-97

将前景色设为黑色。选择"横排文字"工具[T]，在适当的位置输入需要的文字并选取文字，在属性栏中选择合适的字体并设置大小，效果如图5-98所示，在"图层"控制面板中生成新的文字图层。

选取文字"RED&BLACK"，按"Ctrl+T"组合键，在弹出的"字符"控制面板中单击"仿斜体"按钮[T]，将文字倾斜，其他选项的设置如图5-99所示，按"Enter"键确定操作，效果如图5-100所示。

图5-98   图5-99   图5-100

选取文字"FA HION"，在"字符"控制面板中单击"仿粗体"按钮 ，将文字加粗，其他选项的设置如图5-101所示，按"Enter"键确定操作，效果如图5-102所示。

图5-101

图5-102

使用相同方法制作其他文字效果，如图5-103所示。按"Ctrl+O"组合键，打开网盘中的"Ch05 > 素材 > 合成服饰搭配 > 11"文件，选择"移动"工具 ，将图片拖曳到图像窗口中适当的位置，并调整其大小，效果如图5-104所示，在"图层"控制面板中生成新图层并将其命名为"玫瑰花"。

图5-103

图5-104

在"图层"控制面板中，按住"Shift"键的同时，将"玫瑰花"图层和"RED&BLACK"文字图层之间的所有图层同时选取，如图5-105所示。按"Ctrl+G"组合键，编组图层并将其命名为"标题"，如图5-106所示。合成服饰搭配完成，效果如图5-107所示。

图5-105

图5-106

图5-107

5.2 吸引眼球的特效

为商品添加特效能够着重突出商品，增加画面的吸引力。

5.2.1 让商品发光发亮——制作绚丽的耀斑效果

一些商品会使用暗色调的背景，营造出高端、深沉的感觉。但有时背景偏暗又会造成商品不突出的反效果，可以通过为商品添加绚丽的耀斑效果来突出主体，也能让商品更加耀眼。

【案例知识要点】使用渐变工具制作背景，使用移动工具添加图片，使用椭圆工具、属性控制面板和图层混合模式制作光晕，使用椭圆工具和高斯模糊滤镜命令制作圆形光晕效果，使用变换命令、添加图层蒙版按钮和画笔工具制作倒影，使用图层样式制作香水瓶光晕，效果如图5-108所示。

【素材所在位置】网盘/Ch05/素材/制作绚丽的耀斑效果/01～03。

【效果所在位置】网盘/Ch05/效果/制作绚丽的耀斑效果.psd。

按"Ctrl+N"组合键，新建一个文件，宽度为10cm，高度为10cm，分辨率为300像素/英寸，颜色模式为RGB，背景内容为白色，单击"确定"按钮。

选择"渐变"工具，单击属性栏中的"点按可编辑渐变"按钮，弹出"渐变编辑器"对话框，将渐变颜色设为从浅棕色（其R、G、B的值分别为169、109、65）到黑色，如图5-109所示，单击"确定"按钮。选中属性栏中的"径向渐变"按钮，按住"Shift"键的同时，在图像窗口中由中心至右拖曳光标填充渐变色，效果如图5-110所示。

图5-108   图5-109   图5-110

按"Ctrl+O"组合键，打开网盘中的"Ch05 > 素材 > 制作绚丽的耀斑效果 > 01"文件，选择"移动"工具，将图片拖曳到图像窗口中适当的位置，并调整其大小，效果如图5-111所示，在"图层"控制面板中生成新图层并将其命名为"底光"。在"图层"控制面板上方，将"底光"图层的"不透明度"选项设为12%，如图5-112所示，图像效果如图5-113所示。

Photoshop CC 淘宝网店设计与装修实战

图5-111　　　　　　　　图5-112　　　　　　　　图5-113

选择"椭圆"工具，在属性栏的"选择工具模式"选项中选择"形状"，将"填充颜色"设为黄色（其R、G、B的值分别为226、192、67），"描边"设为无，在图像窗口中拖曳鼠标绘制椭圆形，效果如图5-114所示。在"图层"控制面板中生成新的形状图层并将其命名为"镜面反光"。

选择"窗口 > 属性"命令，在弹出的"属性"控制面板中进行设置，如图5-115所示，按"Enter"键确定操作，效果如图5-116所示。

  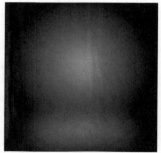

图5-114　　　　　　　　图5-115　　　　　　　　图5-116

在"图层"控制面板上方，将"镜面反光"图层的"不透明度"选项设为13%，如图5-117所示，图像效果如图5-118所示。

新建图层并将其命名为"圆光"。将前景色设为白色。选择"椭圆"工具，在属性栏的"选择工具模式"选项中选择"像素"，"不透明度"选项设为10%，按住"Shift"键的同时，在图像窗口中拖曳鼠标绘制圆形，效果如图5-119所示。使用相同的方法绘制其他圆形，效果如图5-120所示。

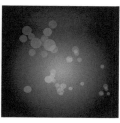

图5-117   图5-118   图5-119   图5-120

在"图层"控制面板上方，将"圆光"图层的"不透明度"选项设为48%，效果如图5-121所示。

选择"滤镜 > 模糊 > 高斯模糊"命令，在弹出的对话框中进行设置，如图5-122所示，单击"确定"按钮，效果如图5-123所示。

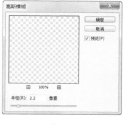

图5-121   图5-122   图5-123

按"Ctrl+O"组合键，打开网盘中的"Ch05 > 素材 > 制作绚丽的耀斑效果 > 02"文件，选择"移动"工具 ，将图片拖曳到图像窗口中适当的位置，并调整其大小，效果如图5-124所示，在"图层"控制面板中生成新图层并将其命名为"点光"。

在"图层"控制面板上方，将"点光"图层的混合模式选项设为"变亮"，如图5-125所示，图像效果如图5-126所示。

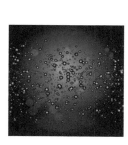

图5-124   图5-125   图5-126

单击"图层"控制面板下方的"添加图层蒙版"按钮 ，为"点光"图层添加图层蒙版，如图5-127所示。将前景色设为黑色。选择"画笔"工具 ，在属性栏中单击"画笔"选项右侧的按钮 ，在弹出的面板中选择需要的画笔形状，如图5-128所示，在图像窗口中拖曳鼠标擦除不需要的图像，效果如图5-129所示。

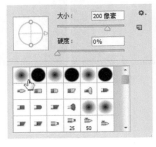

图5-127　　　　　　　　　　图5-128　　　　　　　　　　图5-129

单击"图层"控制面板下方的"创建新的填充或调整图层"按钮 ，在弹出的菜单中选择"照片滤镜"命令，在"图层"控制面板中生成"照片滤镜1"图层，同时在弹出的"照片滤镜"面板中进行设置，如图5-130所示，按"Enter"键确认操作，图像效果如图5-131所示。

图5-130　　　　　　　　　　　图5-131

按"Ctrl+O"组合键，打开网盘中的"Ch05 > 素材 > 制作绚丽的耀斑效果 > 03"文件，选择"移动"工具 ，将图片拖曳到图像窗口中适当的位置，并调整其大小，效果如图5-132所示，在"图层"控制面板中生成新图层并将其命名为"香水"。

将"香水"图层拖曳到"图层"控制面板下方的"创建新图层"按钮 上进行复制，生成新的图层"香水 拷贝"。按"Ctrl+T"组合键，图像周围出现变换框，在变换框中单击鼠标右键，在弹出的菜单中选择"垂直翻转"命令，将图片垂直翻转并拖曳到适当的位置，按"Enter"键确定操作，效果如图5-133所示。

在"图层"控制面板中，将"香水 拷贝"图层拖曳到"香水"图层的下方，如图5-134所示，图像效果如图5-135所示。

图5-132　　　　　　　　图5-133　　　　　　　　图5-134　　　　　　　　图5-135

在"图层"控制面板上方，将"香水 拷贝"图层的"不透明度"选项设为30%，效果如图5-136所示。单击"图层"控制面板下方的"添加图层蒙版"按钮 ，为"香水 拷贝"图层添加图层蒙版，如图5-137所示。选择"渐变"工具 ，单击属性栏中的"点按可编辑渐变"按钮 ，弹出"渐变编辑器"对话框，将渐变色设为黑色到白色，按住"Shift"键的同时，在图像窗口中拖曳渐变色，效果如图5-138所示。

图5-136　　　　　　　　　　图5-137　　　　　　　　　　图5-138

选中"香水"图层，单击"图层"控制面板下方的"添加图层样式"按钮 ，在弹出的菜单中选择"外发光"命令，弹出对话框，将发光颜色设为棕色（其R、G、B的值分别为191、117、66），其他选项的设置如图5-139所示，单击"确定"按钮，效果如图5-140所示。绚丽的耀斑效果制作完成。

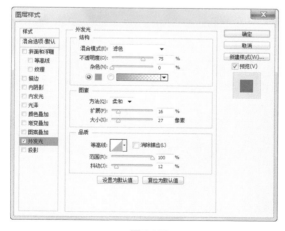

图5-139　　　　　　　　　　　　　　　图5-140

5.2.2 让商品更加突出——模拟小景深效果

让主体商品清晰而背景和其他装饰物模糊可以让人的视线更容易集中在商品上，使商品自然而然地凸显，这就是小景深效果。小景深效果是指当焦距对准某一点时，其前后仍然清晰的范围，可以通过缩短摄距、拉长焦距或使用较大光圈来获得小景深效果。景深越小，主体和背景的距离就显得越远，背景的淡化效果就越强；景深越大，背景的淡化效果就越弱。在没有专业的摄影技术的情况下，使用Photoshop进行后期处理，也可以达到小景深效果。

【案例知识要点】使用高斯模糊滤镜命令制作模糊效果，使用添加图层蒙版按钮、渐变工具擦除不需要的图像，效果如图5-141所示。

【素材所在位置】网盘/Ch05/素材/模拟小景深效果/01。

【效果所在位置】网盘/Ch05/效果/模拟小景深效果.psd。

按"Ctrl+O"组合键，打开网盘中的"Ch05 > 素材 > 模拟小景深效果 > 01"文件，如图5-142所示。将"背景"图层拖曳到"图层"控制面板下方的"创建新图层"按钮 上进行复制，生成新的图层"背景 拷贝"。

选择"滤镜 > 模糊 > 高斯模糊"命令，在弹出的对话框中进行设置，如图5-143所示，单击"确定"按钮，效果如图5-144所示。

图5-141　　　　　图5-142　　　　　图5-143　　　　　图5-144

单击"图层"控制面板下方的"添加图层蒙版"按钮 ，为"背景 拷贝"图层添加图层蒙版，如图5-145所示。选择"渐变"工具 ，单击属性栏中的"点按可编辑渐变"按钮 ，弹出"渐变编辑器"对话框，将渐变色设为黑色到白色，选中属性栏中的"径向渐变"按钮 ，在图像窗口中由中心向左上角拖曳光标填充渐变色，效果如图5-146所示。

图5-145　　　　　图5-146

选择"画笔"工具 ，在属性栏中单击"画笔"选项右侧的按钮·，在弹出的面板中选择需要的画笔形状，如图5-147所示，在图像窗口中拖曳鼠标擦除不需要的图像，效果如图5-148所示。模拟小景深效果制作完成。

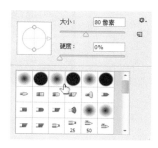

图5-147

图5-148

▶▶ 5.2.3 让商品更加灵动——制作萦绕的光线效果

在一些商品图片中，通常会添加带有光晕的线条来增加商品的时尚感。

【案例知识要点】使用移动工具添加素材图片，使用钢笔工具、描边路径命令和图层样式命令制作光线，使用添加图层蒙版按钮和渐变工具制作光线渐隐效果，如图5-149所示。

【素材所在位置】网盘/Ch05/素材/制作萦绕的光线效果/01～03。

【效果所在位置】网盘/Ch05/效果/制作萦绕的光线效果.psd。

按"Ctrl+O"组合键，打开网盘中的"Ch05 > 素材 > 制作萦绕的光线效果 > 01、02"文件，如图5-150所示。选择"移动"工具 ，将项链图片拖曳到图像窗口中适当的位置，并调整其大小，效果如图5-151所示，在"图层"控制面板中生成新图层并将其命名为"项链"。

图5-149

图5-150

图5-151

单击"图层"控制面板下方的"创建新的填充或调整图层"按钮 ，在弹出的菜单中选择"曲线"命令，在"图层"控制面板中生成"曲线1"图层，同时弹出"曲线"面板，在曲线上单击鼠标添加控制点，将"输入"选项设为218，"输出"选项设为233，如图5-152所示。在曲线上单击鼠标添加控制点，将"输入"选项设为95，"输出"选项设为82，如图5-153所示。按"Enter"键确认操作，图像效果如图5-154所示。

图5-152　　　　　　图5-153　　　　　　图5-154

　　新建图层并将其命名为"特效"。选择"钢笔"工具 ，在属性栏的"选择工具模式"选项中选择"路径"，在图像窗口中绘制需要的路径，效果如图5-155所示。

　　将前景色设为白色。选择"画笔"工具 ，在属性栏中单击"画笔"选项右侧的按钮 ，弹出画笔选择面板，选择需要的画笔形状，如图5-156所示。

　　选择"路径选择"工具 ，选择路径，在路径上单击鼠标右键，在弹出的菜单中选择"描边路径"命令，弹出"描边路径"对话框，设置如图5-157所示，单击"确定"按钮。按"Enter"键，隐藏路径，效果如图5-158所示。

 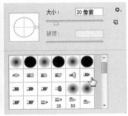  

图5-155　　　　　图5-156　　　　　　图5-157　　　　　　图5-158

　　单击"图层"控制面板下方的"添加图层样式"按钮 ，在弹出的菜单中选择"外发光"命令，弹出对话框，将发光颜色设为白色，其他选项的设置如图5-159所示，单击"确定"按钮，效果如图5-160所示。

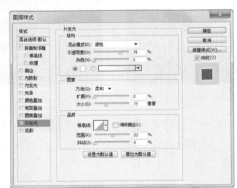 

图5-159　　　　　　　　　　　图5-160

使用相同方法制作特效2，效果如图5-161所示。在"图层"控制面板中，按住"Ctrl"键的同时，选择"特效"和"特效2"图层。按"Ctrl+E"组合键，合并图层并将其命名为"特效"，如图5-162所示。单击"图层"控制面板下方的"添加图层蒙版"按钮 ，为"特效"图层添加图层蒙版，如图5-163所示。

图5-161   图5-162   图5-163

将前景色设为黑色。选择"画笔"工具，在属性栏中单击"画笔"选项右侧的按钮，在弹出的面板中选择需要的画笔形状，如图5-164所示，在图像窗口中拖曳鼠标擦除不需要的图像，效果如图5-165所示。

选择"渐变"工具，单击属性栏中的"点按可编辑渐变"按钮，弹出"渐变编辑器"对话框，将渐变色设为黑色到白色，并在图像窗口中拖曳光标填充渐变色，效果如图5-166所示。

按"Ctrl+O"组合键，打开网盘中的"Ch05 > 素材 > 制作萦绕的光线效果 > 03"文件，选择"移动"工具，将图片拖曳到图像窗口中适当的位置，并调整其大小，效果如图5-167所示，在"图层"控制面板中生成新图层并将其命名为"logo"。萦绕的光线效果制作完成。

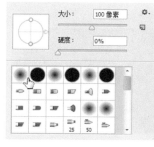   

图5-164   图5-165   图5-166   图5-167

5.2.4　突出商品取暖性能——制作火焰效果

在表现商品的特性时，采用夸张的手法可以更加烘托气氛。在制作取暖类商品的图片效果时，添加火焰效果可以着重突出取暖类商品的升温速度，提高商品销售概率。

Photoshop CC 淘宝网店设计与装修实战

【案例知识要点】使用移动工具添加图片，使用图层混合模式和图层蒙版制作火焰效果，如图5-168所示。

【素材所在位置】网盘/Ch05/素材/制作火焰效果/01～04。

【效果所在位置】网盘/Ch05/效果/制作火焰效果.psd。

按"Ctrl+N"组合键，新建一个文件，宽度为11.3cm，高度为7.8cm，分辨率为300像素/英寸，颜色模式为RGB，背景内容为白色，单击"确定"按钮。将前景色设为深灰色（其R、G、B的值分别为33、33、33），按"Alt+Delete"组合键，用前景色填充"背景"图层，效果如图5-169所示。

按"Ctrl+O"组合键，打开网盘中的"Ch05 > 素材 > 制作火焰效果 > 01"文件，选择"移动"工具，将图片拖曳到图像窗口中适当的位置，并调整其大小，效果如图5-170所示，在"图层"控制面板中生成新图层并将其命名为"电暖气"。

图5-168　　　　　　　　　　图5-169　　　　　　　　　　图5-170

按"Ctrl+O"组合键，打开网盘中的"Ch05 > 素材 > 制作火焰效果 > 02"文件，选择"移动"工具，将图片拖曳到图像窗口中适当的位置，调整大小并将其旋转到适当的角度，效果如图5-171所示，在"图层"控制面板中生成新图层并将其命名为"火圈"。

在"图层"控制面板上方，将"火圈"图层的混合模式选项设为"滤色"，如图5-172所示，图像效果如图5-173所示。

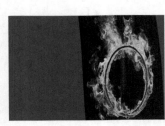

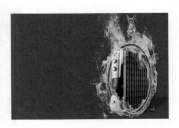

图5-171　　　　　　　　　　图5-172　　　　　　　　　　图5-173

单击"图层"控制面板下方的"添加图层蒙版"按钮，为"火圈"图层添加图层蒙版，如图5-174所示。将前景色设为黑色。选择"画笔"工具，在属性栏中单击"画笔"选项右侧的按钮，在弹出的面板中选择需要的画笔形状，如图5-175所示，在图像窗口中拖曳鼠标擦除不需要的图像，效果如图5-176所示。

 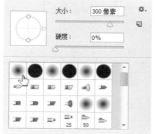 

图5-174　　　　　　　图5-175　　　　　　　图5-176

　　按"Ctrl+O"组合键，打开网盘中的"Ch05 > 素材 > 制作火焰效果 > 03"文件，选择"移动"工具，将图片拖曳到图像窗口中适当的位置，并调整其大小，效果如图5-177所示，在"图层"控制面板中生成新图层并将其命名为"火焰"。

　　在"图层"控制面板上方，将"火焰"图层的混合模式选项设为"滤色"，图像效果如图5-178所示。

　　单击"图层"控制面板下方的"添加图层蒙版"按钮，为"火焰"图层添加图层蒙版。选择"画笔"工具，在图像窗口中拖曳鼠标擦除不需要的图像，效果如图5-179所示。使用相同的方法擦除其他不需要的图像，如图5-180所示。

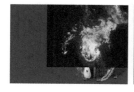 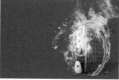 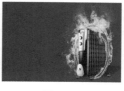 

图5-177　　　　　图5-178　　　　　图5-179　　　　　图5-180

　　按"Ctrl+O"组合键，打开网盘中的"Ch05 > 素材 > 制作火焰效果 > 04"文件，选择"移动"工具，将图片拖曳到图像窗口中适当的位置，并调整其大小，效果如图5-181所示，在"图层"控制面板中生成新图层并将其命名为"文字"。

　　在"图层"控制面板上方，将"文字"图层的混合模式选项设为"变亮"，图像效果如图5-182所示。火焰效果制作完成。

图5-181　　　　　　　　　　　　　图5-182

5.2.5 让商品更加闪亮——添加闪烁点

在表现一些像金属、玻璃、珠宝等材质的商品时，在黑暗的背景中添加一些闪烁点通常可以使整体效果更为突出，也能凸显商品特质。

【案例知识要点】使用移动工具添加素材图片，使用动感模糊滤镜命令制作模糊效果，使用椭圆选框工具、羽化命令、渐变工具和橡皮擦工具制作阴影效果，使用画笔工具和图层样式制作闪烁点效果，如图5-183所示。

【素材所在位置】网盘/Ch05/素材/添加闪烁点/01～04。

【效果所在位置】网盘/Ch05/效果/添加闪烁点.psd。

按"Ctrl+O"组合键，打开网盘中的"Ch05 > 素材 > 添加闪烁点 > 01～03"文件，如图5-184所示。选择"移动"工具 ，分别将"02""03"图像拖曳到"01"图像窗口中适当的位置，调整大小并将其旋转到适当的角度，效果如图5-185所示，在"图层"控制面板中分别生成新图层并将其命名为"金话筒"和"银话筒"。

选中"银话筒"图层。选择"滤镜 > 模糊 > 动感模糊"命令，在弹出的对话框中进行设置，如图5-186所示，单击"确定"按钮，效果如图5-187所示。

图5-183

图5-184

图5-185

图5-186

图5-187

新建图层并将其命名为"金话筒阴影"。将前景色设为黑色。选择"椭圆选框"工具 ，在图像窗口中绘制椭圆选区，如图5-188所示。按"Shift+F6"组合键，弹出"羽化选区"对话框，选项的设置如图5-189所示，单击"确定"按钮，效果如图5-190所示。

图5-188　　　　　　　　　　　　　図5-189　　　　　　　　　　　　图5-190

选择"渐变"工具 ，单击属性栏中的"点按可编辑渐变"按钮 ，弹出"渐变编辑器"对话框，将渐变色设为从黑色到透明色，单击"确定"按钮。在图像窗口中由下向上拖曳光标填充渐变色，按"Ctrl+D"组合键，取消选区，效果如图5-191所示。

在"图层"控制面板中，将"金话筒阴影"图层拖曳到"金话筒"图层的下方，如图5-192所示，图像效果如图5-193所示。

图5-191　　　　　　　　　　　　图5-192　　　　　　　　　　　　图5-193

选择"橡皮擦"工具 ，在属性栏中单击"画笔"选项右侧的按钮 ，在弹出的画笔面板中选择需要的画笔形状，如图5-194所示。在图像窗口中拖曳鼠标擦除不需要的图像，效果如图5-195所示。使用相同的方法制作银话筒阴影效果，如图5-196所示。

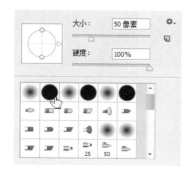

图5-194　　　　　　　　　　　　图5-195　　　　　　　　　　　　图5-196

新建图层并将其命名为"星光"。将前景色设为白色。选择"画笔"工具 ，在属性栏中单击"画笔"选项右侧的按钮 ，弹出画笔选择面板，单击面板右上方的按钮 ，在弹出的菜单中选择"混合画笔"命令，弹出提示对话框，单击"追加"按钮。在画笔选择面板中选择需要的画笔形状，如图5-197所示。在图像窗口中多次单击鼠标绘制星光图像，效果如图5-198所示。

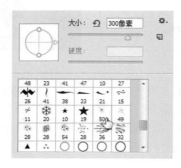

图5-197   图5-198

单击"图层"控制面板下方的"添加图层样式"按钮 ，在弹出的菜单中选择"外发光"命令，弹出对话框，将发光颜色设为黄色（其R、G、B的值分别为255、255、190），其他选项的设置如图5-199所示，单击"确定"按钮，效果如图5-200所示。

按"Ctrl+O"组合键，打开网盘中的"Ch05 > 素材 > 添加闪烁点 > 04"文件，选择"移动"工具 ，将图片拖曳到图像窗口中适当的位置，并调整其大小，效果如图5-201所示，在"图层"控制面板中生成新图层并将其命名为"文字"。闪烁点添加完成。

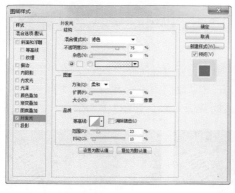

图5-199   图5-200   图5-201

5.3 课后习题1——制作粒子光效果

【习题知识要点】使用添加图层样式命令、滤镜命令和用画笔描边路径按钮制作出粒子光效果，如图5-202所示。

　　【素材所在位置】网盘/Ch05/素材/粒子光效果/01。

　　【效果所在位置】网盘/Ch05/效果/粒子光效果.psd。

图5-202

5.4 　课后习题2——制作眼妆广告

　　【习题知识要点】使用滤镜命令、渐变工具和横排文字工具制作眼妆广告，效果如图5-203所示。

　　【素材所在位置】网盘/Ch05/素材/制作眼妆广告/01～04。

　　【效果所在位置】网盘/Ch05/效果/制作眼妆广告.psd。

图5-203

第6章
网店首页各模块的设计

本章详细介绍了网店首页中各模块的设计规范与设计技巧。通过本章的学习，读者要了解并掌握使用Photoshop设计制作网店首页各个模块的方法和技巧。

学习目标

❶ 店招与导航条的设计
❷ 首页海报的设计
❸ 页中分类引导的设计
❹ 商品陈列展示区的设计
❺ 客服区的设计
❻ 收藏区的设计
❼ 页尾的设计

网店首页作为一个网店的门面，其整体形象直接影响到买家的购物体验，同时也影响到商品的价值呈现。一个经过精心设计装修过的网店不仅可以传达网店的品牌风格，还可以提升买家对店铺的信任。首页是由多个模块组成的，常用的模块包括店招、导航条、首页海报、页中分类引导、商品陈列展示区、客服区、收藏区以及页尾。

6.1　店招与导航条的设计

店招就是网店的店铺招牌，位于店铺首页的最顶端，是买家进入店铺后看到的第一个模块，它起到让买家明确店铺的名称和销售的商品内容，了解店铺最新动态的作用。而导航条则是店铺的指路明灯，用文字来显示商品分类，引导买家在店铺中去哪儿的路径，让买家可以快速地浏览到所需要的商品。它位于店招的下方，与店招紧密相连。图6-1所示为不同网店的店招与导航条。

（a）珠宝饰品网店店招和导航条

（b）家居饰品网店店招和导航条

图6-1

6.1.1　店招与导航条的设计规范

1.　尺寸与格式

网店专业版店招的尺寸为950 像素×120像素，默认导航条的尺寸像素为950像素×30像素。另外还有一种网店智能版店招，它是在专业版店招的尺寸上加了一个1920像素×150像素不平铺的背景图，以此来达到宽屏店招的效果。图6-2所示为专业版店招和智能版全屏店招。

店招的格式为JPEG或GIF格式，其中GIF格式就是带有Flash效果的动态店招。

（a）专业版店招

（b）智能版全屏店招

图6-2

2.　店招与导航条所包含的内容

一般店招中包含店铺名称、店铺logo、广告商品图片、醒目的广告语、促销活动信息以及收藏按钮和关注按钮等，还可以添加二维码、关键字搜索框等内容。导航条所容纳的分类文字组为8～10个，在导航条中也可以添加搜索框，便于买家操作。但在设计时，并不是要将所有的内容都展示到店招中，通常会将店铺的名称、logo进行重点展示，而将其他元素进行省略，这样能让店铺的名称更加直观。图6-3所示为化妆品网店和母婴用品网店店招和导航条。

（a）化妆品网店店招和导航条

（b）母婴用品网店店招和导航条

图6-3

6.1.2　店招与导航条的视觉设计

店招不仅仅是一般的图案设计，它代表了一个品牌，也代表了一种艺术。一个好的店招除了给人传达明确的信息外，还要传达出店铺的经营理念、突出经营特色，具有艺术感染力，增强店铺的认知度，让买家快速记忆。在设计时，店招要根据店铺销售的商品和店铺整体风格进行设计，字体、颜色、图形图案等视觉元素的装点在风格上要和谐统一，既要美观又要有个性且充满创意。

清晰、大方、个性化的店铺名称，可以给买家留下深刻的印象。店铺名称在设计时可以运用修饰元素对其进行美化，或通过不同字体和字号的组合来营造艺术感，还可以添加特效来突出店铺名称的特殊性和醒目度，让它变得与众不同，图6-4所示为男装网店和女装网店店招和导航条。

导航条不需要特别的创意设计，只要清晰显眼，在文字和背景颜色的搭配上能够形成鲜明的对比，具有较好的可读性即可。

（a）男装网店店招和导航条

（b）女装网店店招和导航条

图6-4

≫≫ 6.1.3　店招和导航条的设计案例

【案例知识要点】使用图层控制面板、渐变工具为图片添加合成效果，使用横排文字工具添加店招相关信息，效果如图6-5所示。

【素材所在位置】网盘/Ch06/素材/茶叶店招/01～05。

【效果所在位置】网盘/Ch06/效果/茶叶店招.psd。

图6-5

按"Ctrl+N"组合键，新建一个文件，宽度为950像素，高度为150像素，分辨率为72像素/英寸，颜色模式为RGB，背景内容为白色，单击"确定"按钮。

按"Ctrl+O"组合键，打开网盘中的"Ch06 > 素材 > 茶叶店招 > 01"文件，选择"移动"工具 ，将图片拖曳到图像窗口中适当的位置，并调整其大小，效果如图6-6所示，在"图层"控制面板中生成新图层并将其命名为"底图1"。

图6-6

　　按"Ctrl+O"组合键，打开网盘中的"Ch06 > 素材 > 茶叶店招 > 02"文件，选择"移动"工具，将图片拖曳到图像窗口中适当的位置，并调整其大小，效果如图6-7所示，在"图层"控制面板中生成新图层并将其命名为"底图2"。

　　在"图层"控制面板上方，将"底图2"图层的混合模式选项设为"深色"，"不透明度"选项设为60%，如图6-8所示，图像效果如图6-9所示。

图6-7　　　　　　　　　　　　　　　　　　　　图6-8

图6-9

　　单击"图层"控制面板下方的"添加图层蒙版"按钮，为"底图2"图层添加图层蒙版，如图6-10所示。选择"渐变"工具，单击属性栏中的"点按可编辑渐变"按钮，弹出"渐变编辑器"对话框，将渐变色设为从黑色到白色，在图像窗口中拖曳光标填充渐变色，效果如图6-11所示。

图6-10　　　　　　　　　　　图6-11

　　将前景色设为棕色（其R、G、B的值分别为107、77、50）。选择"横排文字"工具，在适当的位置分别输入需要的文字并选取文字，在属性栏中选择合适的字体并设置文字大小，效果如图6-12所示，在"图层"控制面板中生成新的文字图层。

图6-12

选择"矩形"工具 ，在属性栏的"选择工具模式"选项中选择"形状"，将"填充颜色"设为无，"描边颜色"设为棕色（其R、G、B的值分别为107、77、50），在图像窗口中绘制矩形，如图6-13所示。

图6-13

选择"椭圆"工具 ，在属性栏中将"填充颜色"设为棕色（其R、G、B的值分别为107、77、50），"描边颜色"设为无，按住"Shift"键的同时，在图像窗口中绘制圆形，如图6-14所示。

图6-14

按"Ctrl+O"组合键，打开网盘中的"Ch06 > 素材 > 茶叶店招 > 03～05"文件，选择"移动"工具 ，分别将图片拖曳到图像窗口中适当的位置，并调整其大小，效果如图6-15所示，在"图层"控制面板中生成新图层并将其命名为"关注品牌""图片1"和"图片2"。

图6-15

选中"图片2"图层。单击"图层"控制面板下方的"添加图层样式"按钮 ，在弹出的菜单中选择"投影"命令，在弹出的对话框中进行设置，如图6-16所示，单击"确定"按钮，效果如图6-17所示。

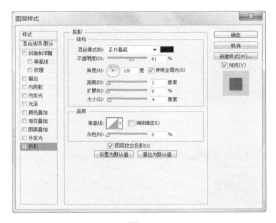

图6-16   图6-17

　　选择"圆角矩形"工具■，在属性栏中将"填充颜色"设为红色（其R、G、B的值分别为204、0、1），"描边颜色"设为无，"半径"选项设为5像素，在图像窗口中分别绘制圆角矩形，如图6-18所示。

图6-18

　　将前景色设为棕色（其R、G、B的值分别为107、77、50）。选择"横排文字"工具T，在适当的位置分别输入需要的文字并选取文字，在属性栏中选择合适的字体并设置文字大小，效果如图6-19所示，在"图层"控制面板中生成新的文字图层。

图6-19

　　选取需要的文字，在属性栏中将"文本颜色"设为红色（其R、G、B的值分别为204、0、1），填充文字，效果如图6-20所示。
　　选取需要的文字，在属性栏中将"文本颜色"设为黄色（其R、G、B的值分别为255、240、0），填充文字，效果如图6-21所示。

图6-20

图6-21

选择"矩形"工具 ▣，在属性栏中将"填充颜色"设为红色（其R、G、B的值分别为204、0、1），"描边颜色"设为无，在图像窗口中绘制矩形，效果如图6-22所示。

图6-22

将前景色设为白色。选择"横排文字"工具 T，在适当的位置输入需要的文字并选取文字，在属性栏中选择合适的字体并设置文字大小，效果如图6-23所示，在"图层"控制面板中生成新的文字图层。

图6-23

新建图层并将其命名为"线条"。选择"直线"工具 ◢，在属性栏中的"选择工具模式"选项中选择"像素"，将"粗细"选项设为3点，按住"Shift"键的同时，在图像窗口中绘制直线，效果如图6-24所示。茶叶店招制作完成。

图6-24

6.2 首页海报的设计

  店铺的首页海报相当于实体店铺中的橱窗展示，主要用于品牌宣传、新品上架、单品推广或者活动促销。首页海报位于网店导航条下方，占用面积较大，视觉冲击力强，能够激发买家的购物欲望，如图6-25所示。

图6-25

6.2.1 首页海报的设计规范

  在网店专业版中首页海报的宽度为950像素，在网店智能版中宽度为1920像素，高度无论哪个版本都没有特别的限制，但通常都不超过600像素。

  有的店铺的海报采用若干张图片轮播形式循环播放，首页海报轮播最多不要超过5个，内容要直观、简单，轮播的速度不宜过快，以便于顾客瞬间能够看清楚广告的所有信息。

6.2.2 首页海报的视觉设计

1. 主题

  每张海报都要具备3个元素，那就是合理的背景、精心编排的文案和商品信息。因此在设计制作每张海报之前必须要有一个明确的主题。无论是新品上市还是促销活动，不同的内容主题是不一样的，其设计的重点也就不同，只有确定了主题后所有的元素才能围绕着这个主题进行设计。例如，以单品推广为主要内容的海报，设计时就应该以要推广的这款商品形象为重点表现对象，如图6-26所示；以春装上市为主要内容的海报，在设计时海报的配色和装饰元素就要紧扣"春天"这个主题，如图6-27所示。

  海报的主题是以商品形象加上简洁的文字描述来体现的，并将主题内容放置在海报最醒目的位置上，一目了然。

图6-26

图6-27

2. 构图

在设计海报时，版式的平衡感非常重要，通过文字和图片之间的组合与编排，使海报获得好的视觉效果，同时突出主体，可以提高传达商品信息的功能。海报构图主要有以下几种形式。

（1）左右构图

左右构图是最常见的排版形式，分为左图右文或者左文右图，图片和文字各占海报同等面积，这种构图平衡感很强，显得非常稳重，如图6-28所示。

图6-28

（2）三分式构图

三分式构图是两边为图片，中间为文字的排版形式。两边的图片大小可以是相同的，也可以不同。一般会采用一大一小，这样可以突出主次，避免过于呆板、严谨。这种构图形式常见于多模特的海报中，如图6-29所示。

图6-29

（3）上下式构图

上下式构图分为上图下字或者上字下图两种排版形式，如图6-30所示。

图6-30

3. 字体

海报中的文案分为主标题、副标题和说明性文字，设计时利用文字的字号、粗细和字体进行主次区分，通常使用字号较粗大的文字来突出主标题，副标题适当小些，而说明性文字的字号最小。文字之间的组合编排上可以将主、副标题和说明性文字分成段落，并注意段落文字之间的间隔距离，段间距要大于行间距，给买家一个整齐有序、清晰分明的阅读体验，如图6-31所示。

海报中的字体一般不超过3种，不要有过多的描边，也不要使用与主体风格不一致的字体。字体尽量使用简体字，只有在中式风格的店铺中才可以使用繁体字。

图6-31

4. 色彩

协调的色彩搭配可以给海报营造出一种氛围，通过不同的配色来确定相应的风格。对重要的文字信息可以用高亮醒目的颜色加以突出、强调。图6-32所示为一个童装网店的海报设计，主色调为淡蓝色，搭配五颜六色小的装饰元素，给人温和轻快的视觉效果，营造出轻松愉悦的氛围，使用明亮的黄色突出低价、直降的活动信息。

图6-32

➤➤ 6.2.3 首页海报的设计案例

【案例知识要点】使用移动工具添加素材图片，使用添加图层样式命令为图片添加特殊效果，使用圆角矩形工具、直线工具和横排文字工具制作品牌及活动信息，效果如图6-33所示。

【素材所在位置】网盘/Ch06/素材/首页海报/01～09。

【效果所在位置】网盘/Ch06/效果/首页海报.psd。

图6-33

按 "Ctrl+N" 组合键，新建一个文件，宽度为950像素，高度为500像素，分辨率为300像素/英寸，颜色模式为RGB，背景内容为白色，单击 "确定" 按钮。

按 "Ctrl+O" 组合键，打开网盘中的 "Ch06 > 素材 > 首页海报 > 01、02" 文件，选择 "移动" 工具 ，将图片分别拖曳到新建图像窗口中适当的位置，效果如图6-34所示，在 "图层" 控制面板中分别生成新的图层并将其命名为 "基础背景" "彩旗"，如图6-35所示。

单击 "图层" 控制面板下方的 "添加图层样式" 按钮 ，在弹出的菜单中选择 "投影" 命令，在弹出的对话框中进行设置，如图6-36所示，单击 "确定" 按钮，效果如图6-37所示。

图6-34

图6-35

图6-36

图6-37

按"Ctrl+O"组合键，打开网盘中的"Ch06 > 素材 > 首页海报 > 03、04"文件，选择"移动"工具 ，将图片分别拖曳到图像窗口中适当的位置，效果如图6-38所示，在"图层"控制面板中分别生成新的图层并将其命名为"中大圆""灯光"，如图6-39所示。

图6-38

图6-39

单击"图层"控制面板下方的"添加图层样式"按钮 ，在弹出的菜单中选择"外发光"命令，弹出对话框，将外发光颜色设为白色，其他选项的设置如图6-40所示，单击"确定"按钮，效果如图6-41所示。

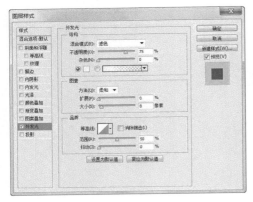

图6-40

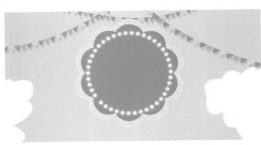

图6-41

按"Ctrl+O"组合键,打开网盘中的"Ch06 > 素材 > 首页海报 > 05～08"文件,选择"移动"工具 ⊕,将图片分别拖曳到图像窗口中适当的位置,效果如图6-42所示,在"图层"控制面板中分别生成新的图层并将其命名为"底椭圆""形状""人物"和"促销活动",如图6-43所示。

图6-42

图6-43

新建图层组并将其命名为"品牌"。将前景色设为白色。选择"圆角矩形"工具 □,将"半径"选项设为30像素,在图像窗口中绘制圆角矩形,如图6-44所示,在"图层"控制面板中生成新的形状图层"圆角矩形1"。

将前景色设为灰色(其R、G、B的值分别为161、158、157)。选择"直线"工具 ╱,在图像窗口中绘制直线,如图6-45所示,在"图层"控制面板中生成新的形状图层并将其命名为"条纹"。

按"Ctrl+Alt+T"组合键,图像周围出现变换框,向下拖曳到适当的位置,复制直线,按"Enter"键确定操作,效果如图6-46所示。多次按"Shift+Ctrl+Alt+T"组合键,按需要再复制多条直线,效果如图6-47所示。

图6-44　　　　　　　　　　图6-45　　　　　　　　　　图6-46

　　按"Ctrl+Alt+G"组合键，为"条纹"图层创建剪贴蒙版，效果如图6-48所示。将前景色设为黄色（其R、G、B的值分别为255、255、75）。选择"横排文字"工具[T]，在适当的位置输入需要的文字并选取文字，在属性栏中选择合适的字体并设置大小。按"Alt+ →"组合键，调整文字适当的间距，效果如图6-49所示，在"图层"控制面板中生成新的文字图层。

图6-47　　　　　　　　　　图6-48　　　　　　　　　　图6-49

　　单击"图层"控制面板下方的"添加图层样式"按钮[fx.]，在弹出的菜单中选择"描边"命令，弹出对话框，将"描边颜色"设为黑色，其他选项的设置如图6-50所示，单击"确定"按钮，效果如图6-51所示。

图6-50

图6-51

　　将"马丽维尔童装"图层拖曳到"图层"控制面板下方的"创建新图层"按钮[⬚]上进行复制，生成新的副本图层。选择"移动"工具[▸+]，在图像窗口中将其拖曳到适当的位置，如图6-52所示。选择"横排文字"工具[T]，选取需要的文字，设置文字填充色为绿色（其R、G、B的值分别为82、223、206），填充文字，效果如图6-53所示。

　　将前景色设为棕色（其R、G、B的值分别为76、51、52）。选择"钢笔"工具[⌀.]，在属性栏的"选择工具模式"选项中选择"形状"，在图像窗口中分别绘制形状，如图6-54

Photoshop CC 淘宝网店设计与装修实战

所示。在"图层"控制面板中分别生成新的形状图层。单击"品牌"图层组左侧的三角形图标▼，将"品牌"图层组中的图层隐藏。

图6-52　　　　　　　　　　　　图6-53

新建图层组并将其命名为"活动文字"。按"Ctrl+O"组合键，打开网盘中的"Ch06 > 素材 > 首页海报 > 09"文件，选择"移动"工具▸₊，将图片拖曳到图像窗口中适当的位置，效果如图6-55所示，在"图层"控制面板中生成新的图层并将其命名为"底纹条"。

图6-54　　　　　　　　　　　　图6-55

将前景色设为黄色（其R、G、B的值分别为251、249、76）。选择"圆角矩形"工具▣，在图像窗口中绘制圆角矩形，如图6-56所示，在"图层"控制面板中生成新的形状图层"圆角矩形2"。

将前景色设为黑色。选择"横排文字"工具T，在适当的位置分别输入需要的文字并选取文字，在属性栏中选择合适的字体并设置大小。按"Alt+ →"组合键，调整文字适当的间距，效果如图6-57所示，在"图层"控制面板中生成新的文字图层。

图6-56　　　　　　　　　　　　图6-57

选择"横排文字"工具T，选取需要的文字，填充文字为白色，效果如图6-58所示。单击"活动文字"图层组左侧的三角形图标▼，将"活动文字"图层组中的图层隐藏。首页海报就制作完成了，效果如图6-59所示。

图6-58　　　　　　　　　　　　图6-59

6.3 页中分类引导的设计

当首页的商品很多时，除了导航条之外，通常还会在页面的中部、底部等位置添加分类引导，根据店铺的活动和商品种类等进行归类放置，如图6-60所示。页中分类引导可以主动地帮助买家对店铺信息进行提炼，快速找到自己所需要的商品，提高买家的访问效率。

图6-60

6.3.1 页中分类引导的设计规范

页中分类引导的宽度为950像素或1920像素，高度随意。页中分类引导分为两种形式，一种是以纯文字的形式分类，文字在编排上要有主次之分，排列整齐，如图6-61所示。另一种是以图文并茂的形式分类，画面色调、图形元素要与店铺的整体风格统一。图片的选择与图片中的文字要能突出分类的特点，如图6-62所示。

图6-61   图6-62

6.3.2 页中分类引导的设计案例

【案例知识要点】使用矩形工具绘制产品分类框架，使用移动工具添加素材图片，使用横排文字工具添加分类文字，效果如图6-63所示。

【素材所在位置】网盘/Ch06/素材/分类引导/01～05。

【效果所在位置】网盘/Ch06/效果/分类引导.psd。

按"Ctrl+N"组合键，新建一个文件，宽度为950像素，高度为158像素，分辨率为300像素/英寸，颜色模式为RGB，背景内容为白色，单击"确定"按钮。

将前景色设为紫色（其R、G、B的值分别为104、0、148）。选择"矩形"工具 ▣，在属性栏中的"选择工具模式"选项中选择"形状"，在图像窗口中绘制矩形，如图6-64所示。

图6-63   图6-64

选择"矩形"工具■，在属性栏中将"填充颜色"设为无，"描边颜色"设为紫色（其R、G、B的值分别为104、0、148），描边宽度"设为0.2点，在图像窗口中绘制矩形，如图6-65所示。

将前景色设为白色。选择"横排文字"工具 T，在适当的位置输入需要的文字并选取文字，在属性栏中选择合适的字体并设置大小，按"Alt+ ←"组合键，调整文字适当的间距，效果如图6-66所示，在"图层"控制面板中生成新的文字图层。

| 图6-65 | 图6-66 |

新建图层组并将其命名为"高级硬箱"。按"Ctrl+O"组合键，打开网盘中的"Ch06 > 素材 > 分类引导 > 01"文件，选择"移动"工具 ，将图片拖曳到图像窗口中适当的位置，并调整其大小，效果如图6-67所示，在"图层"控制面板中生成新图层并将其命名为"高级硬箱"。

将前景色设为紫色（其R、G、B的值分别为104、0、148）。选择"横排文字"工具 T，在适当的位置输入需要的文字并选取文字，在属性栏中选择合适的字体并设置大小，按"Alt+←"组合键，调整文字适当的间距，效果如图6-68所示，在"图层"控制面板中生成新的文字图层。

| 图6-67 | 图6-68 |

选择"自定形状"工具 ，单击"形状"选项，弹出"形状"面板，单击面板右上方的按钮 ，在弹出的菜单中选择"箭头"命令，弹出提示对话框，单击"追加"按钮。在"形状"面板中选中图形"箭头6"，如图6-69所示。在图像窗口中拖曳鼠标绘制图形，如图6-70所示。

选择"椭圆"工具 ，在属性栏中将"填充颜色"设为无，"描边颜色"设为紫色（其R、G、B的值分别为104、0、148），"描边宽度"设为0.15点，按住"Shift"键的同时，在图像窗口中拖曳鼠标绘制图形，效果如图6-71所示。

选择"直线"工具 ，在属性栏中将"粗细"选项设为1像素，按住"Shift"键的同时，在图像窗口中绘制直线，效果如图6-72所示。单击"高级硬箱"图层组左侧的三角形图标 ，将"高级硬箱"图层组中的图层隐藏。

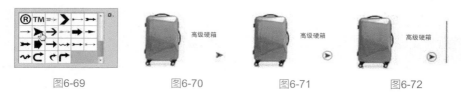

| 图6-69 | 图6-70 | 图6-71 | 图6-72 |

使用相同的方法制作其他效果，如图6-73所示。页中分类引导制作完成。

图6-73

6.4 商品陈列展示区的设计

商品陈列展示区是首页最重要的模块，占据页面很大的比重，它是用来宣传和展示商品的，可以帮助买家快速地了解店铺中商品的形象、风格和价格，以提高买家的购买欲，如图6-74所示。

6.4.1 商品陈列展示区的设计规范

商品陈列展示区的宽度要与导航条的宽度一致，但其高度没有特殊限制。价格的写法要统一，价格和购买按钮要突出显示。商品陈列展示时，类别分类要明确，同类商品放在同一个展区内。

6.4.2 商品陈列展示区的布局方式

布局设计是影响商品陈列展示区整个版式的关键，也是确立整个首页风格的关键，根据商品的功能、外形特点以及设计风格对商品陈列区的布局进行归纳总结，归纳出4种较为常见的布局方式，分别为主次分明型布局、折线型布局、随意型布局和等距等大方块型布局。

1. 主次分明型布局

主次分明型布局对于主推商品或者爆款商品，做到重点突出，主次分明，如图6-75所示。

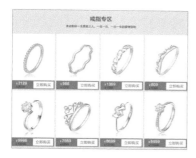

图6-74

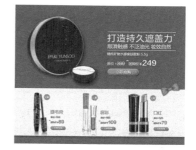

图6-75

2. 折线型布局

折线型布局可以将买家的视线沿着商品照片折线运动，具有韵律感。但是这种布局所占页面的空间比较大，只适合商品种类较少时使用，如图6-76所示。

3. 随意型布局

随意型布局就是将商品随意地摆放在页面中，营造出一种轻松购物的氛围。这种布局，商品在摆放时为了在视觉上有和谐统一感，尽可能地将同一类商品或者有关联的商品放在一起。有关商品的信息描述和价格必须与商品对应，避免混淆，如图6-77所示。

4. 等距等大方块型布局

当商品较多时，要将商品类别分清楚，同一系列的商品放在一个区域内，以九宫格的形式呈现，陈列整齐统一，中规中矩，如图6-78所示。

图6-76　　　　　　　　　图6-77　　　　　　　　　图6-78

6.4.3　商品陈列展示区的设计案例

【案例知识要点】使用矩形工具、图案叠加命令制作底纹效果，使用属性面板调整矩形角，使用横排文字工具添加产品相关信息，效果如图6-79所示。

【素材所在位置】网盘/Ch06/素材/陈列展示区/01～06。

【效果所在位置】网盘/Ch06/效果/陈列展示区.psd。

按"Ctrl+N"组合键，新建一个文件，宽度为950像素，高度为960像素，分辨率为300像素/英寸，颜色模式为RGB，背景内容为白色，单击"确定"按钮。

将前景色设为浅灰色（其R、G、B的值分别为46、44、55）。选择"矩形"工具 ，在属性栏中的"选择工具模式"选项中选择"形状"，在图像窗口中绘制矩形，如图6-80所示。在"图层"控制面板中生成新的形状图层"矩形1"。

单击"图层"控制面板下方的"添加图层样式"按钮 fx，在弹出的菜单中选择"图案叠加"命令，弹出对话框，单击图案缩览图，弹出图案选择面板，单击面板右上方的按钮 ，在弹出的菜单中选择"彩色纸"命令，弹出提示对话框，单击"追加"按钮。在图案选择面板选中需要的图案，如图6-81所示。返回到"图案叠加"对话框中进行设置，如图6-82所示，单击"确定"按钮，效果如图6-83所示。

按"Ctrl+O"组合键，打开网盘中的"Ch06 > 素材 > 陈列展示区 > 01、02"文件，选择"移动"工具 ，将图片分别拖曳到图像窗口中适当的位置并调整大小，效果如图6-84所示，在"图层"控制面板中生成新图层并分别将其命名为"图片1"和"图片2"。

选择"矩形"工具 ，在属性栏中将"填充颜色"设为朱红色（其R、G、B的值分别为130、1、1），"描边颜色"设为无，在图像窗口中绘制矩形，如图6-85所示。在

"图层"控制面板中生成新的形状图层"矩形2"。

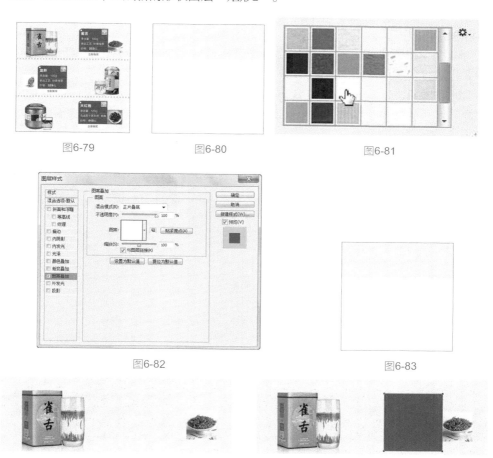

图6-79   图6-80   图6-81

图6-82   图6-83

图6-84   图6-85

选择"窗口 > 属性"命令，在弹出的"属性"面板中进行设置，如图6-86所示。按"Enter"键确认操作，效果如图6-87所示。

图6-86   图6-87

选择"矩形"工具 ，在属性栏中将"填充颜色"设为白色，"描边颜色"设为无，在图像窗口中绘制矩形，效果如图6-88所示。在"图层"控制面板中生成新的形状图层"矩形3"。

单击"图层"控制面板下方的"添加图层样式"按钮 *fx.*，在弹出的菜单中选择"图案叠加"命令，弹出对话框，单击图案缩览图，在弹出的图案选择面板中选择需要的图案，如图6-89所示。返回到"图案叠加"对话框中进行设置，如图6-90所示，单击"确定"按钮，效果如图6-91所示。

图6-88

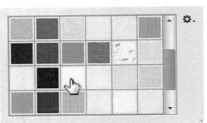

图6-89

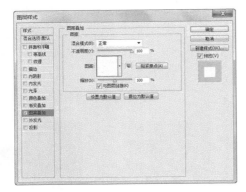

图6-90

图6-91

按住"Alt"键的同时，将鼠标光标放在"矩形3"图层和"矩形2"图层的中间，鼠标指针变为 图标，如图6-92所示，单击鼠标左键，创建剪贴蒙版，图像效果如图6-93所示。

选择"椭圆"工具 ，按住"Shift"键的同时，在图像窗口中绘制白色圆形，效果如图6-94所示。在"图层"控制面板中生成新的形状图层"椭圆1"。

图6-92

图6-93

图6-94

　　选择"矩形"工具■，在图像窗口中绘制白色矩形，效果如图6-95所示。在"图层"控制面板中生成新的形状图层"矩形4"。

　　将前景色设为深红色（其R、G、B的值分别为166、18、19）。选择"横排文字"工具T，在适当的位置输入需要的文字并选取文字，在属性栏中选择合适的字体并设置文字大小，按"Alt+ →"组合键，调整文字适当的间距，效果如图6-96所示，在"图层"控制面板中生成新的文字图层。

　　将前景色设为白色。选择"横排文字"工具T，在适当的位置输入需要的文字并选取文字，在属性栏中选择合适的字体并设置文字大小，按"Alt+ →"组合键，调整文字适当的间距，效果如图6-97所示，在"图层"控制面板中生成新的文字图层。选取文字"359"，在属性栏中选择合适的字体并设置文字大小，效果如图6-98所示。

图6-95　　　　　　　图6-96　　　　　　　图6-97　　　　　　　图6-98

　　选择"横排文字"工具T，在适当的位置输入需要的文字并选取文字，在属性栏中选择合适的字体并设置文字大小，效果如图6-99所示，在"图层"控制面板中生成新的文字图层。

　　将前景色设为深红色（其R、G、B的值分别为166、18、19）。选择"横排文字"工具T，在适当的位置输入需要的文字并选取文字，在属性栏中选择合适的字体并设置文字大小，按"Alt+ →"组合键，调整文字适当的间距，效果如图6-100所示，在"图层"控制面板中生成新的文字图层。

　　使用相同的方法制作其他图片和文字效果，如图6-101所示。陈列展示区制作完成。

图6-99　　　　　　　　　图6-100　　　　　　　　　图6-101

6.5 客服区的设计

　　网店客服区是用于买家与卖家进行沟通交流的入口，客服人员就好比是实体店中的

Photoshop CC 淘宝网店设计与装修实战

售货员，承担着为买家提供售前咨询和售后保障的服务工作，以提高买家的成交率和回头率，如图6-102所示。

图6-102

6.5.1　客服区的设计规范

在设计客服区时，旺旺图标的尺寸宽高都是16像素；如果旺旺图标前添加了"和我联系"的字样，那么图标的尺寸宽为77像素，高为19像素。

很多网店为了突显店铺的服务品质，会在首页的多个区域添加客服，以方便买家及时联系客服人员。例如在侧边栏添加客服区，如图6-103所示。或者在页尾添加客服区，将客服与质保、服务信息组合在一起，如图6-104所示。

图6-103

图6-104

6.5.2　客服区的创意表现

客服区分为两种，一种是淘宝系统自带的，如图6-105所示，但视觉效果偏弱。另一种是自行设计的，可以根据店铺的风格进行个性化设计，并根据需要调整客服的数量，例如，会使用一些卡通的头像，或者真实的人物头像来对客服形象进行美化，拉近客服与买家之间的距离，如图6-106所示。

图6-105

图6-106

6.5.3　客服区的设计案例

【案例知识要点】使用图案叠加命令制作背景底纹，使用椭圆工具、创建剪贴蒙版命令制作图片的蒙版效果，使用横排文字工具添加客服信息文字，效果如图6-107所示。

　　【素材所在位置】网盘/Ch06/素材/客服区/01～09。

　　【效果所在位置】网盘/Ch06/效果/客服区.psd。

　　按"Ctrl+N"组合键，新建一个文件，宽度为950像素，高度为200像素，分辨率为300像素/英寸，颜色模式为RGB，背景内容为白色，单击"确定"按钮。双击"背景"图层，在弹出的对话框中单击"确定"按钮，转换成普通图层。

　　单击"图层"控制面板下方的"添加图层样式"按钮 fx，在弹出的菜单中选择"图案叠加"命令，弹出对话框，单击图案缩览图，弹出图案选择面板，再单击面板右上方的按钮 ，在弹出的菜单中选择"彩色纸"命令，弹出提示对话框，单击"追加"按钮。在图案选择面板选中需要的图案，如图6-108所示。返回到"图案叠加"对话框中进行设置，如图6-109所示，单击"确定"按钮，效果如图6-110所示。

图6-107　　　　　　　　　　图6-108　　　　　　　　　　图6-109

　　将前景色设为深灰色（其R、G、B的值分别为46、44、55）。选择"椭圆"工具 ，在属性栏中的"选择工具模式"选项中选择"形状"，按住"Shift"键的同时，在图像窗口中绘制圆形，如图6-111所示。在"图层"控制面板中生成新的形状图层"椭圆1"。

图6-110　　　　　　　　　　　　　　　图6-111

　　将"椭圆1"图层拖曳到"图层"控制面板下方的"创建新图层"按钮 上进行复制，生成新的图层"椭圆1 拷贝"。选择"移动"工具 ，按住"Shift"键的同时，在图像窗口中将复制的图像拖曳到适当的位置，效果如图6-112所示。

　　选择"横排文字"工具 T，在适当的位置输入需要的文字并选取文字，在属性栏中选择合适的字体并设置文字大小，效果如图6-113所示，在"图层"控制面板中生成新的文字图层。

图6-112　　　　　　　　　　　　　　　图6-113

使用相同的方法制作其他图形和文字效果，如图6-114所示。

新建图层组并将其命名为"售前丽丽"。将前景色设为白色。选择"椭圆"工具◉，按住"Shift"键的同时，在图像窗口中绘制圆形，如图6-115所示，在"图层"控制面板中生成新的形状图层"椭圆2"。

图6-114

图6-115

单击"图层"控制面板下方的"添加图层样式"按钮 *fx.*，在弹出的菜单中选择"描边"命令，弹出对话框，将"描边颜色"设为白色，其他选项的设置如图6-116所示；选择"投影"选项，切换到相应的对话框中进行设置，如图6-117所示，单击"确定"按钮，效果如图6-118所示。

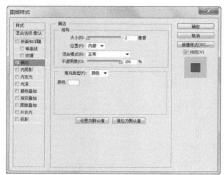

图6-116

图6-117

图6-118

按"Ctrl+O"组合键，打开网盘中的"Ch06 > 素材 > 客服区 > 01"文件，选择"移动"工具▶+，将人物图片拖曳到图像窗口中适当的位置，并调整其大小，效果如图6-119所示，在"图层"控制面板中生成新图层并将其命名为"人物1"。

按住"Alt"键的同时，将鼠标指针放在"人物1"图层和"椭圆2"图层的中间，指针变为↓□图标，如图6-120所示，单击鼠标左键，创建剪贴蒙版，图像效果如图6-121所示。

图6-119

图6-120

图6-121

按"Ctrl+O"组合键，打开网盘中的"Ch06 > 素材 > 客服区 > 02"文件，选择"移动"工具 ，将图片拖曳到图像窗口中适当的位置，效果如图6-122所示，在"图层"控制面板中生成新图层并将其命名为"旺旺"。

将前景色设为灰色（其R、G、B的值分别为132、132、132）。选择"横排文字"工具 ，在适当的位置输入需要的文字并选取文字，在属性栏中选择合适的字体并设置大小，按"Alt+ ←"组合键，适当地调整文字间距，效果如图6-123所示，在"图层"控制面板中生成新的文字图层。

图6-122　　　　　　　　　图6-123

使用相同的方法添加其他图片并制作客服信息，效果如图6-124所示。

图6-124

选择"横排文字"工具 ，在适当的位置输入需要的文字并选取文字，在属性栏中选择合适的字体并设置大小，按"Alt+ ←"组合键，适当地调整文字间距，效果如图6-125所示，在"图层"控制面板中生成新的文字图层。客服区制作完成。

图6-125

6.6 收藏区的设计

收藏区是让买家将感兴趣的店铺添加到收藏夹中，以便再次访问时可以很容易地找到，这样可以很好地增加顾客回头率。

6.6.1 收藏区的设计规范

收藏区的设计比较随意自由，可以直接设计在网店的店招中，如图6-126所示，也可以单独添加在首页的其他位置，如页尾或者页中分类导航的位置，如图6-127和图6-128所示。

图6-126

图6-127

图6-128

收藏区在设计时通常由"收藏本店"或"收藏店铺"的文字和某个装饰形状组合而成，如图6-129所示，也有的是由简单的文字和广告语组成，如图6-130所示。但无论怎样设计，风格都要与整个店铺的装修风格相一致。

图6-129

图6-130

▶▶ 6.6.2　收藏区的设计案例

【案例知识要点】使用绘图工具、横排文字工具和不透明度选项制作收藏区内容，效果如图6-131所示。

【效果所在位置】网盘/Ch06/效果/收藏区.psd。

图6-131

按"Ctrl+N"组合键，新建一个文件，宽度为1 000像素，高度为1 000像素，分辨率为300像素/英寸，颜色模式为RGB，背景内容为白色，单击"确定"按钮。

选择"椭圆"工具◉，在属性栏中的"选择工具模式"选项中选择"形状"，将"填充颜色"设为橄榄绿色（其R、G、B的值分别为91、115、0），"描边颜色"设为无，按住"Shift"键的同时，在图像窗口中绘制一个圆形，如图6-132所示。在"图层"控制面板中生成新的形状图层"椭圆1"。

将前景色设为白色。选择"横排文字"工具T，在圆形上输入需要的文字并选取文字，在属性栏中选择合适的字体并设置大小，效果如图6-133所示，在"图层"控制面板中生成新的文字图层。

在"图层"控制面板上方，将"藏"文字图层的"不透明度"选项设为20%，如图6-134所示，图像效果如图6-135所示。

图6-132

图6-133

图6-134

图6-135

选择"横排文字"工具T，在适当的位置输入需要的文字并选取文字，在属性栏中选择合适的字体并设置文字大小，效果如图6-136所示，在"图层"控制面板中生成新的文字图层。

选择"矩形"工具▣，在属性栏中的"选择工具模式"选项中选择"形状"，将

"填充颜色"设为白色，"描边颜色"设为无，在图像窗口中绘制一个矩形，如图6-137所示。在"图层"控制面板中生成新的形状图层"矩形1"。

图6-136

图6-137

在"图层"控制面板上方，将"矩形1"图层的"不透明度"选项设为50%，如图6-138所示，图像效果如图6-139所示。

图6-138

图6-139

选择"矩形"工具，在属性栏中将"填充颜色"设为无，"描边颜色"设为橄榄绿色（其R、G、B的值分别为91、115、0），"描边宽度"设为 0.75点，在图像窗口中绘制一个矩形，如图6-140所示。在"图层"控制面板中生成新的形状图层"矩形2"。

选择"横排文字"工具，在适当的位置分别输入需要的文字并选取文字，在属性栏中分别选择合适的字体并设置文字大小，效果如图6-141所示，在"图层"控制面板中生成新的文字图层。

选择"直线"工具，在属性栏中将"填充颜色"设为无，"描边颜色"设为橄榄绿色（其R、G、B的值分别为91、115、0），"描边宽度"设为3点，在图像窗口中绘制一条斜线，效果如图6-142所示。在"图层"控制面板中生成新的形状图层"形状1"。

图6-140

图6-141

图6-142

　　选择"矩形"工具▣，在属性栏中将"填充颜色"设为无，"描边颜色"设为橄榄绿色（其R、G、B的值分别为91、115、0），"描边宽度"设为0.75点，在图像窗口中绘制一个矩形，如图6-143所示。在"图层"控制面板中生成新的形状图层"矩形3"。

　　选择"横排文字"工具 T，在适当的位置输入需要的文字并选取文字，在属性栏中选择合适的字体并设置文字大小，效果如图6-144所示，在"图层"控制面板中生成新的文字图层。收藏区制作完成。

图6-143

图6-144

6.7 页尾的设计

　　页尾对于店铺来说非常重要，作为和买家进行告别的区域，在装修时不能忽视了对页尾的设计。一个设计精彩的页尾可以吸引更多的点击量，收藏的买家也会增多。

6.7.1 页尾设计的设计规范

　　页尾在首页的最底部位置，通常多使用简短的文字加上代表性的图标来传达信息，如图6-145所示。

图6-145

　　页尾包含的信息量非常多，例如，希望买家能够再次光临本店，因此通常会在页尾添加店铺收藏和分享店铺链接模块。为了给买家提供方便，并且让买家可以在店铺中逗留的时间长些，还会在页尾添加底部导航、返回顶部按钮、在线客服等模块。为了体现店铺的服务质量，减少买家对常见问题的咨询量，会添加品质保证、快递说明、发货须知等信息模块，如图6-146所示。

图6-146

6.7.2　页尾设计的设计案例

【案例知识要点】使用矩形选框工具、斜切命令制作倾斜效果，使用移动工具添加素材图片，效果如图6-147所示。

【素材所在位置】网盘/Ch06/素材/页尾/01~08。

【效果所在位置】网盘/Ch06/效果/页尾.psd。

图6-147

按"Ctrl+N"组合键，新建一个文件，宽度为950像素，高度为375像素，分辨率为300像素/英寸，颜色模式为RGB，背景内容为白色，单击"确定"按钮。将前景色设为象牙黄色（其R、G、B的值分别为242、239、232），按"Alt+Delete"组合键，用前景色填充"背景"图层，效果如图6-148所示。

图6-148

新建图层组并将其命名为"收藏"。按"Ctrl+O"组合键，打开网盘中的"Ch06 > 素材 > 页尾 > 01"文件，选择"移动"工具 ，将家居图片拖曳到图像窗口中适当的位置，效果如图6-149所示，在"图层"控制面板中生成新的图层并将其命名为"图片1"。

图6-149

　　将前景色设为枣红色（其R、G、B的值分别为103、51、50）。选择"横排文字"工具 T，在适当的位置输入需要的文字并选取文字，在属性栏中选择合适的字体并设置文字大小，效果如图6-150所示，在"图层"控制面板中生成新的文字图层。选取文字"关注微信微博 享优惠"，设置文字颜色为深灰色（其R、G、B的值分别为96、86、86），填充文字，效果如图6-151所示。

图6-150

图6-151

　　单击"图层"控制面板下方的"添加图层样式"按钮 fx.，在弹出的菜单中选择"描边"命令，弹出对话框，将"描边颜色"设为白色，其他选项的设置如图6-152所示，单击"确定"按钮，效果如图6-153所示。

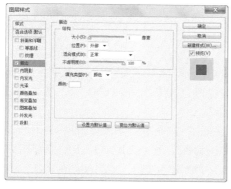

图6-152

图6-153

　　新建图层并将其命名为"倾斜矩形"。将前景色设为白色。选择"矩形选框"工具

[□]，在图像窗口中绘制矩形选区，如图6-154所示，填充选区为白色，按"Ctrl+D"组合键，取消选区，如图6-155所示。

图6-154

图6-155

按"Ctrl+T"组合键，图像周围出现变换框，如图6-156所示，按住"Ctrl+Alt"组合键的同时，向右拖曳变换框中间的控制手柄，将矩形倾斜，按"Enter"键确定操作，效果如图6-157所示。

图6-156

图6-157

将前景色设为深灰色（其R、G、B的值分别为96、86、86）。选择"横排文字"工具[T]，在适当的位置分别输入需要的文字并选取文字，在属性栏中选择合适的字体并设置大小，效果如图6-158所示，在"图层"控制面板中分别生成新的文字图层。单击"收藏"图层组左侧的三角形图标▼，将"收藏"图层组中的图层隐藏。

新建图层组并将其命名为"售后"。选择"矩形"工具[■]，在属性栏中将"填充"选项设为无，"描边颜色"选项设为深灰色（其R、G、B的值分别为96、86、86），"描边宽度"设为0.25点，在图像窗口中绘制矩形，如图6-159所示。

图6-158

图6-159

按"Ctrl+O"组合键，打开网盘中的"Ch06 > 素材 > 页尾 > 02"文件，选择"移动"工具[►]，将图片拖曳到图像窗口中适当的位置，效果如图6-160所示，在"图层"控制面板中生成新的图层并将其命名为"循环图标"。

单击"图层"控制面板下方的"添加图层样式"按钮[fx.]，在弹出的菜单中选择"颜色叠加"命令，弹出对话框，将"描边颜色"设为深灰色（其R、G、B的值分别为96、86、86），其他选项的设置如图6-161所示，单击"确定"按钮，效果如图6-162所示。

选择"横排文字"工具[T]，在适当的位置输入需要的文字并选取文字，在属性栏中选择合适的字体并设置文字大小，效果如图6-163所示，在"图层"控制面板中生成新的文字图层。

图6-160 图6-161 图6-162

选择"直线"工具 ✐，将"粗细"选项设为1像素，按住"Shift"键的同时，在图像窗口中绘制竖线，效果如图6-164所示。

图6-163 图6-164

使用相同的方法添加其他图片并制作售后信息，如图6-165所示。单击"售后"图层组左侧的三角形图标 ▼，将"售后"图层组中的图层隐藏。

图6-165

选择"矩形"工具 ▣，在属性栏中将"填充"选项设为深灰色（其R、G、B的值分别为96、86、86），"描边颜色"选项设为无，在图像窗口中绘制矩形，如图6-166所示。

图6-166

按"Ctrl+O"组合键，打开网盘中的"Ch06 > 素材 > 页尾 > 07、08"文件，选择"移动"工具 ⊕，将图片分别拖曳到图像窗口中适当的位置，效果如图6-167所示，在"图层"控制面板中分别生成新图层并将其命名为"家具标志""返回首页"。页尾就设计完成了。

图6-167

6.8 课后习题1——设计制作店招和导航条

【习题设计要点】以时尚高跟鞋为素材、设计一个时尚女鞋网店的店招和导航条。画面要求包含网店名称、店铺收藏、广告语、优惠券、导航条，色彩搭配以浅灰色和黑色为主，画面风格时尚简约，具体效果如图6-168所示。

【习题知识要点】使用横排文字工具添加网店名称、广告语和导航条，使用椭圆工具、自定形状工具和横排文字工具制作店铺关注和收藏，使用移动工具添加素材图片。

【素材所在位置】网盘/Ch06/素材/设计制作店招和导航条/01、02。

【效果所在位置】网盘/Ch06/效果/设计制作店招和导航条.psd。

图6-168

6.9 课后习题2——设计制作女装店的首页海报

【习题设计要点】以女装为素材，要求设计一个用于春季新品上市的活动海报，画面以春天为主题，活动的主题文字要突出，有较强的视觉冲击力。具体效果如图6-169所示。

【习题知识要点】使用移动工具添加素材图片，使用色阶命令调整图片色调，使用创建剪贴蒙版命令制作图片剪切效果，使用矩形工具、不透明度选项、直线工具和横排文字工具添加广告语和活动信息。

【素材所在位置】网盘/Ch06/素材/设计制作女装店的首页海报/01～04。

【效果所在位置】网盘/Ch06/效果/设计制作女装店的首页海报.psd。

图6-169

第7章
网店首页整体设计

本章将以服装类网店和化妆品类网店为例，详细讲解使用Photoshop制作网店首页的方法与技巧。通过本章的学习，读者能够掌握网店首页的制作方法和设计思路。

● 学习目标
❶ 服装类网店首页的设计与制作
❷ 化妆品网店首页的设计与制作

7.1 服装类网店首页的设计与制作

≫ 7.1.1 案例分析

本案例是为一家女装专卖店所设计的淘宝店铺首页。店主要求首页的展示以服装为主，搭配少量的鞋包等配饰，主要内容包括店招、导航条、首页海报、商品分类、新品上架专区、热销单品专区、店铺收藏以及页尾导航等。店铺所销售服饰的受众群体为年轻女性，在设计风格上要求表现出现代时尚的视觉效果。

1. 设计要点

在设计网店首页时，根据客户的需求先构思出一个大体的布局框架。将首页海报采用了通栏布局，这样十分醒目，并且显得大气。为了营造出轻松的购物环境，将商品分类使用左图右文的方式进行布局，并且将模特完全分离，突出模特，显得随意自由。而展示区也做了个性化设计的商品陈列，呈现出商品的诱惑力，如图7-1所示。

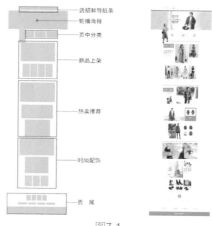

图7-1

2. 配色方案

该店铺首页设计以灰、白搭配水红色为主要颜色。纯度较低的水红色作为醒目的颜色，只限在需要买家留心的文字和区域分隔线及边框使用，用来吸引买家的视线。水红色是一种蓬勃清新的色彩，能够使买家在购物时始终保持愉悦的心情。由于水红色中带有少量的灰色，画面给人的感觉非常柔和，不会显得突兀刺眼，使整个首页色彩既和谐又有对比。案例配色如图7-2所示。

R255,G255,B255	R245,G255,B231	R207,G197,B188	R253,G81,B281	R111,G115,B127
C0,M0,Y0,K0	C7,M0,Y15,K0	C22,M22,Y24,K0	C0,M81,Y59,K0	C65,M55,Y44,K1

图7-2

▶▶ 7.1.2 案例制作

1. 制作店招和导航条

按"Ctrl+N"组合键，新建一个文件，宽度为1 920像素，高度为6 842像素，分辨率为72像素/英寸，颜色模式为RGB，背景内容为白色，单击"确定"按钮。

将前景色设为灰色（其R、G、B的值分别为111、114、127）。选择"矩形"工具▣，在属性栏的"选择工具模式"选项中选择"形状"，在图像窗口中绘制矩形，如图7-3所示。在"图层"控制面板中生成新的形状图层，并将其命名为"导航条"。

新建图层组并将其命名为"店标"。选择"自定形状"工具▩，单击"形状"选项右侧的，弹出"形状"面板，单击面板右上方的按钮▩，在弹出的菜单中选择"装饰"命令，弹出提示对话框，单击"追加"按钮。在"形状"面板中选中图形"装饰5"，如图7-4所示。在图像窗口中拖曳光标绘制图形，如图7-5所示。在"图层"控制面板中生成新的形状图层"形状1"。

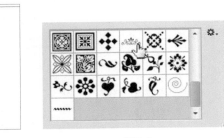

图7-3　　　　　　　图7-4　　　　　　　　　　　　　　图7-5

选择"横排文字"工具 T，在适当的位置分别输入需要的文字并选取文字，在属性栏中选择合适的字体并设置文字大小，效果如图7-6所示，在"图层"控制面板中生成新的文字图层。

选择"矩形"工具▣，在图像窗口中绘制一个矩形，如图7-7所示。在"图层"控制面板中生成新的形状图层"矩形2"。

图7-6

图7-7

　　将"矩形2"图层拖曳到"图层"控制面板下方的"创建新图层"按钮 📄 上进行复制，生成新的图层"矩形2 拷贝"。选择"移动"工具 ➤+，按住"Shift"键的同时，在图像窗口中将复制的矩形拖曳到适当的位置，效果如图7-8所示。

　　使用相同的方法制作"网店名称"，效果如图7-9所示。

图7-8　　　　　　　　　　　　　图7-9

　　将前景色设为深红色（其R、G、B的值分别为168、0、0）。选择"圆角矩形"工具 ▣，将"半径"选项设为8像素，在图像窗口中绘制圆角矩形，如图7-10所示。

　　将前景色设为白色。选择"横排文字"工具 Ｔ，在适当的位置输入需要的文字并选取文字，在属性栏中选择合适的字体并设置文字大小，效果如图7-11所示，在"图层"控制面板中生成新的文字图层。

　　将前景色设为深红色（其R、G、B的值分别为118、0、0）。选择"横排文字"工具 Ｔ，在适当的位置输入需要的文字并选取文字，在属性栏中选择合适的字体并设置文字大小，效果如图7-12所示，在"图层"控制面板中生成新的文字图层。

图7-10　　　　　　　　　図7-11　　　　　　図7-12

　　单击"店标"图层组左侧的三角形图标 ▼，将"店标"图层组中的图层隐藏。单击"图层"控制面板下方的"创建新组"按钮 ▭，生成新的图层组并将其命名为"热卖推荐、新品上架、收藏"，如图7-13所示。

　　将前景色设为灰色（其R、G、B的值分别为111、114、127）。选择"横排文字"工具 Ｔ，在适当的位置分别输入需要的文字并选取文字，在属性栏中选择合适的字体并设置文字大小，效果如图7-14所示，在"图层"控制面板中生成新的文字图层。

　　选择"矩形"工具 ▣，在图像窗口中绘制一个矩形，如图7-15所示。使用相同的方法制作"新品上架"，效果如图7-16所示。

图7-13

图7-14

图7-15

图7-16

选择"横排文字"工具 T ，在适当的位置分别输入需要的文字并选取文字，在属性栏中选择合适的字体并设置文字大小，效果如图7-17所示，在"图层"控制面板中生成新的文字图层。

选择"椭圆"工具 ，在属性栏中将"填充颜色"设为无，将"描边颜色"设为灰色（其R、G、B的值分别为111、114、127），将"描边宽度"设为2点，按住"Shift"键的同时，在图像窗口中绘制圆形，如图7-18所示。

图7-17

图7-18

单击"热卖推荐、新品上架、收藏"图层组左侧的三角形图标 ，将"热卖推荐、新品上架、收藏"图层组中的图层隐藏。

将前景色设为白色。选择"横排文字"工具 T ，在适当的位置分别输入需要的文字并选取文字，在属性栏中选择合适的字体并设置文字大小，效果如图7-19所示，在"图层"控制面板中生成新的文字图层。

图7-19

在"图层"控制面板中，按住"Shift"键的同时，将"所有分类　首页…"图层和"导航条"图层之间的所有图层和图层组同时选取，如图7-20所示。按"Ctrl+G"组合键，编组图层并将其命名为"店招和导航条"，如图7-21所示。

图7-20 　　　　　　　　　　　　　　图7-21

2. 制作首页海报

新建图层组并将其命名为"欢迎模块"。将前景色设为卡其色（其R、G、B的值分别为207、197、188）。选择"矩形"工具 ，在图像窗口中绘制矩形，如图7-22所示。

图7-22

按"Ctrl+O"组合键，打开网盘中的"Ch07 > 素材 > 女装网页首页 > 01"文件，选择"移动"工具，将人物图片拖曳到图像窗口中适当的位置并调整大小，效果如图7-23所示，在"图层"控制面板中生成新图层并将其命名为"人物"。按"Ctrl+Alt+G"组合键，为"人物"图层创建剪贴蒙版，图像效果如图7-24所示。

图7-23 　　　　　　　　　　　　　　图7-24

单击"图层"控制面板下方的"添加图层蒙版"按钮，为"人物"图层添加图层蒙版，如图7-25所示。将前景色设为黑色。选择"画笔"工具，在属性栏中单击"画笔"选项右侧的按钮，在弹出的面板中选择需要的画笔形状，如图7-26所示，在图像窗

Photoshop CC 淘宝网店设计与装修实战

口中拖曳鼠标擦除不需要的图像，效果如图7-27所示。

图7-25 图7-26 图7-27

　　将前景色设为浅灰色（其R、G、B的值分别为189、189、189）。选择"椭圆"工具 ，按住"Shift"键的同时，在图像窗口中绘制圆形，如图7-28所示。在"图层"控制面板中生成新的形状图层"椭圆2"。

　　将"椭圆2"图层拖曳到"图层"控制面板下方的"创建新图层"按钮 上进行复制，生成新的图层"椭圆2 拷贝"。在属性栏中将"填充颜色"设为灰色（其R、G、B的值分别为114、114、114），填充圆形。选择"移动"工具 ，按住"Shift"键的同时，在图像窗口中将圆形拖曳到适当的位置，效果如图7-29所示。

　　将"椭圆2 拷贝"图层拖曳到"图层"控制面板下方的"创建新图层"按钮 上进行复制，生成新的图层"椭圆2 拷贝2"。选择"移动"工具 ，按住"Shift"键的同时，在图像窗口中将圆形拖曳到适当的位置，效果如图7-30所示。

图7-28 图7-29 图7-30

　　新建图层组并将其命名为"促销信息"。将前景色设为红色（其R、G、B的值分别为255、0、0）。选择"直线"工具 ，将"粗细"选项设为2像素，按住"Shift"键的同时，在图像窗口中分别绘制直线，效果如图7-31所示。

　　选择"矩形"工具 ，在属性栏中将"填充颜色"设为红色（其R、G、B的值分别为255、36、0），"描边颜色"设为无，在图像窗口中分别绘制矩形，效果如图7-32所示。

图7-31 图7-32

　　将前景色设为黑色。选择"横排文字"工具 T，在适当的位置分别输入需要的文字并选取文字，在属性栏中分别选择合适的字体并设置大小，按"Alt+ ←"组合键，调整文字适当的间距，效果如图7-33所示，在"图层"控制面板中生成新的文字图层。

　　分别选取需要的文字，在属性栏中将"文本颜色"设为白色，填充文字，效果如图7-34所示。选取需要的文字，在属性栏中将"文本颜色"设为红色（其R、G、B的值分别为255、36、0），填充文字，效果如图7-35所示。

图7-33　　　　　　　　　图7-34　　　　　　　　　图7-35

　　将前景色设为黑色。选择"直线"工具 ，在属性栏中将"粗细"选项设为1像素，按住"Shift"键的同时，在图像窗口中绘制直线，效果如图7-36所示。在"图层"控制面板中生成新的图层"形状3"。

　　选择"移动"工具 ，按住"Alt"键的同时，向右拖曳直线到适当的位置，复制直线，效果如图7-37所示。单击"促销信息"图层组左侧的三角形图标 ，将"促销信息"图层组中的图层隐藏。

图7-36　　　　　　　　　图7-37

3. 制作商品分类区

　　新建图层组并将其命名为"分类区"。选择"矩形"工具 ，在属性栏中将"填充颜色"设为无，将"描边颜色"设为灰色（其R、G、B的值分别为111、114、127），在图像窗口中绘制矩形，如图7-38所示。在"图层"控制面板中生成新的形状图层"矩形5"。

　　将"矩形5"图层拖曳到"图层"控制面板下方的"创建新图层"按钮 上进行复制，生成新的图层"矩形5 拷贝"。按"Ctrl+T"组合键，在图像周围出现变换框，按住"Alt+Shift"键的同时，拖曳右上角的控制手柄等比例缩小矩形，按"Enter"键确定操作，效果如图7-39所示。

　　在属性栏中将"填充颜色"设为浅黄色（其R、G、B的值分别为255、250、220），将"描边颜色"设为无，效果如图7-40所示。

　　将前景色设为深灰色（其R、G、B的值分别为55、56、56）。选择"横排文字"工具 T ，在适当的位置输入需要的文字并选取文字，在属性栏中选择合适的字体并设置大小，效果如图7-41所示，在"图层"控制面板中生成新的文字图层。

图7-38 图7-39

使用相同的方法制作"热卖推荐"和"时尚配饰"分类区，如图7-42所示。

图7-40 图7-41 图7-42

按"Ctrl+O"组合键，打开网盘中的"Ch07 > 素材 > 女装网页首页 > 02"文件，选择"移动"工具 ▶ ，将人物图片拖曳到图像窗口中适当的位置并调整大小，效果如图7-43所示，在"图层"控制面板中生成新图层并将其命名为"人物2"。单击"分类区"图层组左侧的三角形图标 ▼ ，将"分类区"图层组中的图层隐藏。

4. 制作商品陈列区

新建图层组并将其命名为"新品上架"。将前景色设为红色（其R、G、B的值分别为255、78、79）。选择"矩形"工具 ▢ ，在图像窗口中分别绘制矩形，如图7-44所示。

图7-43 图7-44

将前景色设为黑色。选择"横排文字"工具 T ，在适当的位置分别输入需要的文字并选取文字，在属性栏中分别选择合适的字体并设置文字大小，按"Alt+ →"组合键，调整文字适当的间距，效果如图7-45所示。在"图层"控制面板中生成新的文字图层。分别选取需要的文字，在属性栏中将"文本颜色"设为白色，填充文字，效果如图7-46所示。

图7-45 图7-46

将前景色设为黑色。选择"矩形"工具 ▣，在图像窗口中绘制一个矩形，如图7-47所示。按"Ctrl+O"组合键，打开网盘中的"Ch07 > 素材 > 女装网页首页 > 03"文件，选择"移动"工具 ▶+，将人物图片拖曳到图像窗口中适当的位置并调整大小，效果如图7-48所示，在"图层"控制面板中生成新图层并将其命名为"人物3"。

图7-47 图7-48

按"Ctrl+Alt+G"组合键，为"人物3"图层创建剪贴蒙版，图像效果如图7-49所示。将前景色设为深灰色（其R、G、B的值分别为55、56、56）。选择"横排文字"工具 T，在适当的位置输入需要的文字并选取文字，在属性栏中选择合适的字体并设置文字大小，按"Alt+ →"组合键，调整文字适当的间距，效果如图7-50所示，在"图层"控制面板中生成新的文字图层。分别选取需要的数字，在属性栏中选择合适的字体并设置大小，效果如图7-51所示。

图7-49 图7-50

使用相同的方法添加图片并制作剪贴蒙版效果，如图7-52所示。单击"新品上架"图层组左侧的三角形图标 ▼，将"新品上架"图层组中的图层隐藏。

图7-51　　　　　　　　　　　　　　　图7-52

根据上述相同的方法制作"热卖推荐"和"时尚配饰"陈列区，效果如图7-53所示。

图7-53

5. 制作页尾

新建图层组并将其命名为"底部信息"。将前景色设为红色（其R、G、B的值分别为255、78、79）。选择"椭圆"工具 ⬭，按住"Shift"键的同时，在图像窗口中绘制圆形，如图7-54所示。

将前景色设为白色。选择"横排文字"工具 Ｔ，在适当的位置输入需要的文字并选取文字，在属性栏中选择合适的字体并设置文字大小，效果如图7-55所示，在"图层"控制面板中生成新的文字图层。

选择"直线"工具 ⟋，在属性栏中将"粗细"选项设为1像素，按住"Shift"键的同时，在图像窗口中分别绘制斜线，效果如图7-56所示。

| 图7-54 | 图7-55 | 图7-56 |

选择"矩形"工具■，在属性栏中将"填充颜色"设为红色（其R、G、B的值分别为255、78、79），"描边颜色"设为无，在图像窗口中分别绘制矩形，效果如图7-57所示。

将前景色设为黑色。选择"横排文字"工具T，在适当的位置输入需要的文字并选取文字，在属性栏中选择合适的字体并设置文字大小，按"Alt+←"组合键，调整文字适当的间距，效果如图7-58所示，在"图层"控制面板中生成新的文字图层。

| 图7-57 | 图7-58 |

选择"横排文字"工具T，在适当的位置输入需要的文字并选取文字，在属性栏中选择合适的字体并设置文字大小，按"Alt+←"组合键，调整文字适当的间距，效果如图7-59所示，在"图层"控制面板中生成新的文字图层。选取文字"优"，在属性栏中将"文本颜色"设为红色（其R、G、B的值分别为255、78、79），效果如图7-60所示。

| 图7-59 | 图7-60 |

选择"椭圆"工具●，在属性栏中将"填充颜色"设为无，"描边颜色"设为红色（其R、G、B的值分别为255、78、79），"描边宽度"设为3点，按住"Shift"键的同时，在图像窗口中绘制圆形，如图7-61所示。

选择"矩形"工具■，在属性栏中将"填充颜色"设为深灰色（其R、G、B的值分别为55、56、56），"描边颜色"设为无，在图像窗口中绘制矩形，如图7-62所示。

使用相同的方法制作"七天无理由退换货""特色服务体验""帮助中心"，效果如图7-63所示。

图7-61　　　　　　　　　图7-62　　　　　　　　　　　　图7-63

　　将前景色设为白色。选择"横排文字"工具 T，在适当的位置输入需要的文字并选取文字，在属性栏中选择合适的字体并设置大小，效果如图7-64所示，在"图层"控制面板中生成新的文字图层。女装网页首页制作完成，效果如图7-65所示。

图7-64

图7-65

7.2　化妆品类网店首页的设计与制作

▶▶ 7.2.1　案例分析

　　本案例是要为淘宝某家化妆品店铺设计的首页。店主要求首页的展示以热销产品为主。主要内容包括店招、导航条、首页海报、代金券、人气套装专区、热销单品专区、店铺收藏以及客服区等。店铺所销售化妆品的受众群体为年轻女性，在设计风格上要求表现出现代时尚的视觉效果。

1. 设计要点

　　在设计网店首页时，根据客户的需求先构思出一个大体的布局框架。本案例将首页海报和分类标题栏都采用了通栏布局，这样十分醒目，并且清晰明了。展示区的商品陈列，分别以折线形布局和九宫格布局两种形式，既可以使买家的视线沿着商品照片做折线运动，具有韵律感，同时又井然有序，如图7-66所示。

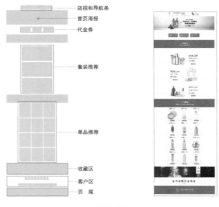

图7-66

2. 配色方案

该店铺首页设计以灰、白色搭配红色为主要颜色。红色可以体现出化妆品充沛的滋润能量，给人热情的视觉感受。红色也可以用于对价格和代金券等重要的信息进行突出提示，吸引买家注意，还可以用来区分信息层次，帮助买家清晰直观地浏览首页。而展示区大面积的浅灰色增强了画面的稳定感，减少了视觉疲劳，给人一种柔和、温婉的感觉。整个首页色彩鲜明瞩目，主次分明。案例配色如图7-67所示。

R255,G255,B255	R239,G239,B239	R206,G0,B23	R143,G6,B67	R0,G0,B0
C0,M0,Y0,K0	C8,M6,Y6,K0	C24,M100,Y100,K0	C50,M100,Y64,K13	C0,M0,Y0,K100

图7-67

▶▶ 7.2.2 案例制作

1. 制作店招和导航条

按"Ctrl+N"组合键，新建一个文件，宽度为1920像素，高度为6200像素，分辨率为72像素/英寸，颜色模式为RGB，背景内容为白色，单击"确定"按钮。

新建图层组并将其命名为"店招和导航条"。将前景色设为红色（其R、G、B的值分别为206、0、23）。选择"矩形"工具 ，在属性栏中的"选择工具模式"选项中选择"形状"，在图像窗口中绘制矩形，如图7-68所示。在"图层"控制面板中生成新的形状图层并将其命名为"导航条"。

图7-68

选择"椭圆"工具 ⬤，在属性栏中将"填充颜色"设为无，"描边颜色"设为黑色，"描边宽度"设为0.7点，按住"Shift"键的同时，在图像窗口中绘制圆形，如图7-69所示。在"图层"控制面板中生成新的形状图层"椭圆1"。

图7-69

将"椭圆1"图层拖曳到"图层"控制面板下方的"创建新图层"按钮 ▣ 上进行复制，生成新的图层"椭圆1 拷贝"。按"Ctrl+T"组合键，在图像周围出现变换框，按住"Alt+Shift"组合键的同时，拖曳右上角的控制手柄等比例缩小圆形，按"Enter"键确定操作，效果如图7-70所示。

选择"矩形"工具 ▣，在属性栏中将"填充颜色"设为白色，"描边颜色"设为无，在图像窗口中绘制矩形，如图7-71所示。

将前景色设为黑色。选择"横排文字"工具 T，在适当的位置输入需要的文字并选取文字，在属性栏中选择合适的字体并设置文字大小，效果如图7-72所示，在"图层"控制面板中生成新的文字图层。

图7-70   图7-71   图7-72

选择"椭圆1 拷贝"图层。将鼠标指针放置路径上时会变为 ✲ 图标，单击鼠标左键，在路径上出现闪烁的光标，输入需要的文字并选取文字，在属性栏中选择合适的字体并设置文字大小，效果如图7-73所示，在"图层"控制面板中生成新的文字图层，按"Enter"键确认操作，隐藏路径。

使用相同的方法制作"官方直销"路径文字，如图7-74所示。

图7-73   图7-74

选择"横排文字"工具 T，在适当的位置输入需要的文字并选取文字，在属性栏中选择合适的字体并设置文字大小，效果如图7-75所示，在"图层"控制面板中生成新的文字图层。

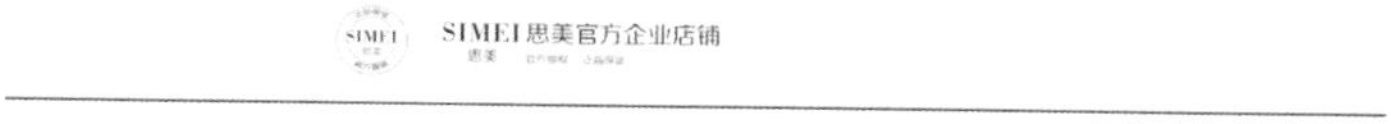

图7-75

选择"直线"工具，在属性栏中将"粗细"选项设为1像素，按住"Shift"键的同时，在图像窗口中绘制直线，效果如图7-76所示。

选择"圆角矩形"工具，将"填充颜色"设为红色（其R、G、B的值分别为206、0、23），"描边颜色"设为无，"半径"选项设为8.5像素，在图像窗口中绘制圆角矩形，如图7-77所示。

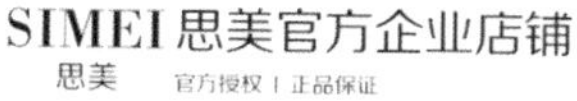

SIMEI 思美官方企业店铺   SIMEI 思美官方企业店铺

图7-76 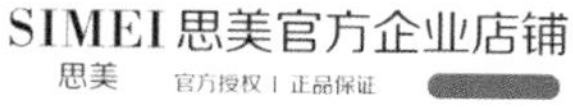   图7-77

将前景色设为白色。选择"自定形状"工具，单击"形状"选项右侧的，弹出"形状"面板，在"形状"面板中选择需要的形状，如图7-78所示。在图像窗口中拖曳鼠标绘制图形，如图7-79所示。

选择"横排文字"工具，在适当的位置输入需要的文字并选取文字，在属性栏中选择合适的字体并设置文字大小，效果如图7-80所示，在"图层"控制面板中生成新的文字图层。

图7-78   图7-79   图7-80

按"Ctrl+O"组合键，打开网盘中的"Ch07 > 素材 > 化妆品网页首页 > 01"文件，选择"移动"工具，将图片拖曳到图像窗口中适当的位置并调整大小，效果如图7-81所示，在"图层"控制面板中生成新图层并将其命名为"化妆品"。

图7-81

将前景色设为黑色。选择"横排文字"工具，在适当的位置输入需要的文字并选取文字，在属性栏中选择合适的字体并设置文字大小，按"Alt+ ←"组合键，适当地调整文字间距，效果如图7-82所示，在"图层"控制面板中生成新的文字图层。

将前景色设为红色（其R、G、B的值分别为206、0、23）。选择"矩形"工具，在图像窗口中绘制矩形，如图7-83所示。

将前景色设为白色。选择"横排文字"工具，在适当的位置输入需要的文字并选取文字，在属性栏中选择合适的字体并设置文字大小，按"Alt+ ←"组合键，适当地调整

Photoshop CC 淘宝网店设计与装修实战

文字间距，效果如图7-84所示，在"图层"控制面板中生成新的文字图层。

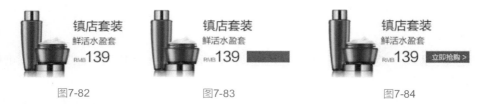

图7-82   图7-83   图7-84

将前景色设为黑色。在适当的位置输入需要的文字并选取文字，在属性栏中选择合适的字体并设置文字大小，效果如图7-85所示，在"图层"控制面板中生成新的文字图层。

图7-85

2．制作首页海报

单击"店招和导航条"图层组左侧的三角形图标 ，将"店招和导航条"图层组中的图层隐藏。单击"图层"控制面板下方的"创建新组"按钮 ，生成新的图层组并将其命名为"首页海报"。

将前景色设为粉色（其R、G、B的值分别为247、176、194）。选择"矩形"工具 ，在图像窗口中绘制矩形，如图7-86所示。

按"Ctrl+O"组合键，打开网盘中的"Ch07 > 素材 > 化妆品网页首页 > 02"文件，选择"移动"工具 ，将图片拖曳到图像窗口中适当的位置并调整大小，效果如图7-87所示，在"图层"控制面板中生成新图层并将其命名为"素材"。按"Ctrl+Alt+G"组合键，为"素材"图层创建剪贴蒙版，图像效果如图7-88所示。

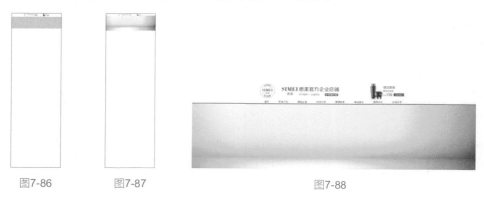

图7-86   图7-87   图7-88

新建图层组并将其命名为"化妆品效果"。按"Ctrl+O"组合键，打开网盘中的"Ch07 > 素材 > 化妆品网页首页 > 03、04"文件，选择"移动"工具 ，分别将图片拖曳到图像窗口中适当的位置并调整大小，效果如图7-89所示，在"图层"控制面板中生成新图层并将其命名为"玫瑰花"和"化妆品"。

图7-89

　　将"化妆品"图层拖曳到"图层"控制面板下方的"创建新图层"按钮▣上进行复制，生成新的图层"化妆品 拷贝"。按"Ctrl+T"组合键，图像周围出现变换框，在变换框中单击鼠标右键，在弹出的菜单中选择"垂直翻转"命令，将图片垂直翻转并拖曳到适当的位置，按"Enter"键确定操作，效果如图7-90所示。

　　选择"图像 > 调整 > 亮度/对比度"命令，在弹出的对话框中进行设置，如图7-91所示，单击"确定"按钮，效果如图7-92所示。

　　在"图层"控制面板中，将"化妆品 拷贝"图层拖曳到"化妆品"图层的下方，图像效果如图7-93所示。

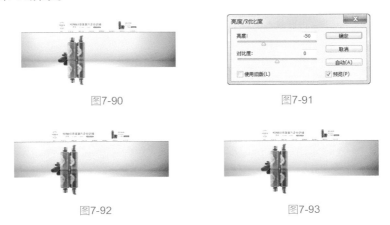

图7-90　　　　　　　　　　　　　　　　　图7-91

图7-92　　　　　　　　　　　　　　　　　图7-93

　　单击"图层"控制面板下方的"添加图层蒙版"按钮▣，为"化妆品 拷贝"图层添加图层蒙版，如图7-94所示。选择"渐变"工具▣，单击属性栏中的"点按可编辑渐变"按钮▆▔，弹出"渐变编辑器"对话框，将渐变色设为黑色到白色，按住"Shift"键的同时，在图像窗口中拖曳光标填充渐变色，效果如图7-95所示。

图7-94

图7-95

Photoshop CC 淘宝网店设计与装修实战

新建图层组并将其命名为"水"。按"Ctrl+O"组合键，打开网盘中的"Ch07 > 素材 > 化妆品网页首页 > 05"文件，选择"移动"工具，将图片拖曳到图像窗口中适当的位置，并调整其大小，效果如图7-96所示，在"图层"控制面板中生成新图层并将其命名为"水花1"。

在"图层"控制面板上方，将"水花1"图层的混合模式选项设为"线性加深"，图像效果如图7-97所示。

图7-96　　　　　　　　　　　图7-97

按"Ctrl+O"组合键，打开网盘中的"Ch07 > 素材 > 化妆品网页首页 > 06"文件，选择"移动"工具，将图片拖曳到图像窗口中适当的位置并调整大小，效果如图7-98所示，在"图层"控制面板中生成新图层并将其命名为"水花2"。

在"图层"控制面板上方，将"水花2"图层的混合模式选项设为"正片叠底"，图像效果如图7-99所示。

图7-98　　　　　　　　　　　图7-99

单击"图层"控制面板下方的"添加图层蒙版"按钮，为"水花2"图层添加图层蒙版。将前景色设为黑色。选择"画笔"工具，在图像窗口中拖曳鼠标擦除不需要的图像，效果如图7-100所示。

按"Ctrl+O"组合键，打开网盘中的"Ch07 > 素材 > 化妆品网页首页 > 07"文件，选择"移动"工具，将图片拖曳到图像窗口中适当的位置并调整大小，效果如图7-101所示，在"图层"控制面板中生成新图层并将其命名为"水花3"。

图7-100　　　　　　　　　　图7-101

选择"魔棒"工具，在属性栏中将"容差"选项的数值设为15，在图像窗口中的白色背景区域单击，图像周围生成选区，如图7-102所示。按"Delete"键，将所选区域删除，按"Ctrl+D"组合键，取消选区，效果如图7-103所示。

　　单击"图层"控制面板下方的"添加图层蒙版"按钮 ◙，为"水花3"图层添加图层蒙版。将前景色设为黑色。选择"画笔"工具 ☑，在属性栏中单击"画笔"选项右侧的按钮 ⬝，在弹出的面板中选择需要的画笔形状，如图7-104所示，在图像窗口中拖曳鼠标擦除不需要的图像，效果如图7-105所示。

| 图7-102 | 图7-103 | 图7-104 | 图7-105 |

　　按"Ctrl+O"组合键，打开网盘中的"Ch07 > 素材 > 化妆品网页首页 > 08"文件，选择"移动"工具 ⊕，将图片拖曳到图像窗口中适当的位置并调整大小，效果如图7-106所示，在"图层"控制面板中生成新图层并将其命名为"水花4"。在"图层"控制面板中将"水花4"图层的混合模式选项设为"变暗"，图像效果如图7-107所示。

　　单击"图层"控制面板下方的"添加图层蒙版"按钮 ◙，为"水花4"图层添加图层蒙版。将前景色设为黑色。选择"画笔"工具 ☑，在图像窗口中拖曳鼠标擦除不需要的图像，效果如图7-108所示。

　　将"水花4"图层拖曳到"图层"控制面板下方的"创建新图层"按钮 ◙ 上进行复制，生成新的图层"水花4 拷贝"。在"图层"控制面板上方，将"水花4 拷贝"图层的混合模式选项设为"正常"，"不透明度"选项设为88%，如图7-109所示，图像效果如图7-110所示。

| 图7-106 | 图7-107 | 图7-108 | 图7-109 | 图7-110 |

　　将前景色设为白色。在"图层"控制面板中选中"水花4 拷贝"图层的蒙版缩览图，按"Alt+Delete"组合键，用前景色填充蒙版。将前景色设为黑色。选择"画笔"工具 ☑，在图像窗口中拖曳鼠标擦除不需要的图像，效果如图7-111所示。

　　按"Ctrl+O"组合键，打开网盘中的"Ch07 > 素材 > 化妆品网页首页 > 09"文件，选择"移动"工具 ⊕，将图片拖曳到图像窗口中适当的位置并调整大小，效果如图7-112

所示，在"图层"控制面板中生成新图层并将其命名为"水花5"。

在"图层"控制面板上方，将"水花5"图层的混合模式选项设为"变暗"，图像效果如图7-113所示。

单击"图层"控制面板下方的"添加图层蒙版"按钮 ，为"水花5"图层添加图层蒙版。选择"画笔"工具 ，在图像窗口中拖曳鼠标擦除不需要的图像，效果如图7-114所示。

| 图7-111 | 图7-112 | 图7-113 | 图7-114 |

单击"水"图层组左侧的三角形图标 ，将"水"图层组中的图层隐藏。将"玫瑰花"图层拖曳到"图层"控制面板下方的"创建新图层"按钮 上进行复制，生成新的图层"玫瑰花 拷贝"。在"图层"控制面板中，将"玫瑰花 拷贝"图层拖曳到"水"图层组的上方，如图7-115所示，图像效果如图7-116所示。

在"图层"控制面板上方，将"玫瑰花 拷贝"图层的混合模式选项设为"正常"，图像效果如图7-117所示。

单击"图层"控制面板下方的"添加图层蒙版"按钮 ，为"玫瑰花 拷贝"图层添加图层蒙版。选择"画笔"工具 ，在图像窗口中拖曳鼠标擦除不需要的图像，效果如图7-118所示。

| 图7-115 | 图7-116 | 图7-117 | 图7-118 |

单击"图层"控制面板下方的"创建新的填充或调整图层"按钮 ，在弹出的菜单中选择"色相/饱和度"命令，在"图层"控制面板中生成"色相/饱和度1"图层，同时在弹出的"色相/饱和度"面板中单击"此调整影响下面所有图层"按钮 使其显示为"此调整剪切到此图层"按钮 ，其他选项设置如图7-119所示，按"Enter"键确定操作，效果如图7-120所示。

单击"化妆品效果"图层组左侧的三角形图标 ，将"化妆品效果"图层组中的图层隐藏。将前景色设为红色（其R、G、B的值分别为230、0、18）。选择"直线"工具 ，在属性栏中将"粗细"选项设为1像素，按住"Shift"键的同时，在图像窗口中绘制直线，效果如图7-121所示。在"图层"控制面板中生成新的形状图层"形状3"。

图7-119

图7-120

将"形状3"图层拖曳到"图层"控制面板下方的"创建新图层"按钮  上进行复制，生成新的图层"形状3 拷贝"。选择"移动"工具 ，按住"Shift"键的同时，在图像窗口中将形状拖曳到适当的位置，如图7-122所示。

图7-121

图7-122

选择"直线"工具 ，在属性栏中将"粗细"选项设为3像素，按住"Shift"键的同时，在图像窗口中绘制直线，效果如图7-123所示。

新建图层组并将其命名为"文字"。将前景色设为黑色。选择"直线"工具 ，在属性栏中将"粗细"选项设为1像素，按住"Shift"键的同时，在图像窗口中分别绘制直线，效果如图7-124所示。在"图层"控制面板中生成新的图层"形状5"。

图7-123

图7-124

单击"图层"控制面板下方的"添加图层蒙版"按钮 ，为"形状5"图层添加图层蒙版。选择"渐变"工具 ，单击属性栏中的"点按可编辑渐变"按钮 ，弹出"渐变编辑器"对话框，将渐变色设为白色到黑色，将"颜色中点"的位置设为74，如图7-125所示，单击"确定"按钮，按住"Shift"键的同时，在图像窗口中拖曳光标填充渐变色，效果如图7-126所示。

选择"横排文字"工具 ，在适当的位置输入需要的文字并选取文字，在属性栏中选择合适的字体并设置文字大小，按"Alt+ ←"组合键，调整文字适当的间距，效果如图7-127所示，在"图层"控制面板中生成新的文字图层。

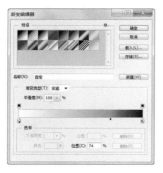
图7-125

图7-126

选取需要的文字，在属性栏中将"文本颜色"设为红色（其R、G、B的值分别为206、0、23），填充文字，效果如图7-128所示。选取需要的文字，在属性栏中将"文本颜色"设为白色，填充文字，效果如图7-129所示。

图7-127

图7-128

图7-129

将前景色设为黑色。选择"矩形"工具，在图像窗口中绘制矩形，如图7-130所示。在"图层"控制面板中生成新的形状图层"矩形5"。

在"图层"控制面板中，将"矩形5"图层拖曳到"补水-保湿-增白……"图层的下方，如图7-131所示，图像效果如图7-132所示。

图7-130

图7-131

图7-132

选择"直线"工具，在属性栏中将"粗细"选项设为1像素，按住"Shift"键的同时，在图像窗口中绘制直线，效果如图7-133所示。在"图层"控制面板中生成新的图层"形状5"。

选择"自定形状"工具，单击"形状"选项右侧的，弹出"形状"面板，在"形状"面板中选择需要的形状，如图7-134所示。在图像窗口中拖曳鼠标绘制图形，如图7-135所示。

图7-133

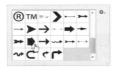

图7-134

图7-135

3. 制作代金券

单击"首页海报"图层组左侧的三角形图标▼，将"首页海报"图层组中的图层隐藏。单击"图层"控制面板下方的"创建新组"按钮□，生成新的图层组并将其命名为"代金券"。

将前景色设为红色（其R、G、B的值分别为206、0、23）。选择"矩形"工具▣，在图像窗口中绘制矩形，如图7-136所示。在"图层"控制面板中生成新的图层"矩形6"。

将"矩形6"图层拖曳到"图层"控制面板下方的"创建新图层"按钮▣上进行复制，生成新的图层"矩形6 拷贝"。按"Ctrl+T"组合键，在图像周围出现变换框，按住"Alt+Shift"键的同时，拖曳右上角的控制手柄等比例缩小图片，按"Enter"键确定操作。在属性栏中将"描边颜色"设为白色，将"描边宽度"设为1点，效果如图7-137所示。

图7-136

图7-137

将前景色设为白色。选择"横排文字"工具T，在适当的位置输入需要的文字并选取文字，在属性栏中选择合适的字体并设置文字大小，效果如图7-138所示，在"图层"控制面板中生成新的文字图层。选取文字"点击领取"，按"Alt+ →"组合键，适当地调整文字间距，效果如图7-139所示。

图7-138

图7-139

选择"自定形状"工具▨，单击"形状"选项，弹出"形状"面板，单击面板右上方的按钮✿，在弹出的菜单中选择"自然"命令，弹出提示对话框，单击"追加"按钮。在"形状"面板中选中图形"波浪"，如图7-140所示。在图像窗口中拖曳鼠标绘制图形，如图7-141所示。在"图层"控制面板中生成新的图层"形状8"。

将"形状8"图层拖曳到"图层"控制面板下方的"创建新图层"按钮▣上进行复制，生成新的图层"形状8 拷贝"。选择"移动"工具▸+，按住"Shift"键的同时，将形状拖曳到图像窗口中适当的位置，效果如图7-142所示。

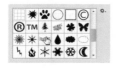

图7-140   图7-141   图7-142

    在"图层"控制面板中，按住"Shift"键的同时，将"形状8"图层和"矩形6"图层之间的所有图层同时选取。按"Ctrl+G"组合键，编组图层并将其命名为"15"，如图7-143所示。使用相同的方法制作"25"和"35"代金券，如图7-144所示。

图7-143   图7-144

4．制作商品陈列区

    单击"代金券"图层组左侧的三角形图标▼，将"代金券"图层组中的图层隐藏。新建图层组并将其命名为"人气套装"。将前景色设为红色（其R、G、B的值分别为206、0、23）。选择"矩形"工具▣，在图像窗口中绘制矩形，如图7-145所示。

    将前景色设为白色。选择"横排文字"工具[T]，在适当的位置输入需要的文字并选取文字，在属性栏中选择合适的字体并设置大小，效果如图7-146所示，在"图层"控制面板中生成新的文字图层。

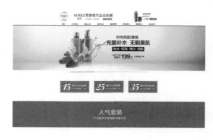

图7-145   图7-146

    新建图层组并将其命名为"套装1"。将前景色设为红色（其R、G、B的值分别为230、0、18）。选择"矩形"工具▣，在图像窗口中绘制矩形，如图7-147所示。

    单击"图层"控制面板下方的"添加图层样式"按钮*fx*，在弹出的菜单中选择"渐变叠加"命令，弹出对话框，单击"点按可编辑渐变"按钮▬▬▬▾，弹出"渐变编辑器"对话框,将渐变颜色设为从浅灰色(其R、G、B的值分别为245、245、245)到白色,如图7-148所示,单击"确定"按钮,返回到"渐变叠加"对话框,其他选项的设置如图7-149所示。单击"确定"按钮,效果如图7-150所示。

图7-147　　　　　　图7-148　　　　　　　　　　　图7-149　　　　　　　图7-150

　　按"Ctrl+O"组合键,打开网盘中的"Ch07 > 素材 > 化妆品网页首页 > 10"文件,选择"移动"工具,将图片拖曳到图像窗口中适当的位置,并调整其大小,效果如图7-151所示,在"图层"控制面板中生成新图层并将其命名为"套装1"。

　　新建图层并将其命名为"阴影"。将前景色设为黑色。选择"画笔"工具,在属性栏中单击"画笔"选项右侧的按钮,在弹出的画笔面板中选择需要的画笔形状,如图7-152所示。在图像窗口中拖曳鼠标绘制阴影图像,效果如图7-153所示。

 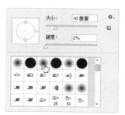 

图7-151　　　　　　　　　图7-152　　　　　　　　图7-153

　　在"图层"控制面板中,将"阴影"图层拖曳到"套装1"图层的下方,如图7-154所示,图像效果如图7-155所示。

图7-154　　　　　　　图7-155

选中"套装1"图层。将前景色设为红色（其R、G、B的值分别为230、0、18）。选择"矩形"工具🔲，在图像窗口中绘制矩形，如图7-156所示。

将前景色设为黑色。选择"横排文字"工具🅣，分别在适当的位置输入需要的文字并选取文字，在属性栏中选择合适的字体并设置文字大小，效果如图7-157所示，在"图层"控制面板中生成新的文字图层。

图7-156 图7-157

选取文字"雪域精华冰肌套装"，在属性栏中将"文本颜色"设为灰色（其R、G、B的值分别为104、104、104），填充文字，效果如图7-158所示。选取文字"398"，在属性栏中将"文本颜色"设为红色（其R、G、B的值分别为206、0、23），填充文字，效果如图7-159所示。选取文字"立即购买"，在属性栏中将"文本颜色"设为白色，填充文字，效果如图7-160所示。

选择"直线"工具✏️，在属性栏中将"粗细"选项设为2像素，按住"Shift"键的同时，在图像窗口中分别绘制直线，效果如图7-161所示。

选择"直线"工具✏️，在属性栏中将"粗细"选项设为1像素，按住"Shift"键的同时，在图像窗口中绘制直线，效果如图7-162所示。

图7-158 图7-159 图7-160 图7-161 图7-162

在"图层"控制面板中，按住"Shift"键的同时，将"形状8"图层和"矩形8"图层之间的所有图层同时选取。按"Ctrl+G"组合键，编组图层并将其命名为"套装1"，如图7-163所示。

使用相同的方法制作"套装2""套装3"，如图7-164所示。

单击"人气套装"图层组左侧的三角形图标▼，将"人气套装"图层组中的图层隐藏。单击"图层"控制面板下方的"创建新组"按钮🗂️，生成新的图层组并将其命名为"人气单品"。

将前景色设为红色（其R、G、B的值分别为206、0、23）。选择"矩形"工具🔲，在图像窗口中绘制矩形，如图7-165所示。

将前景色设为白色。选择"横排文字"工具 T.，在适当的位置输入需要的文字并选取文字，在属性栏中选择合适的字体并设置文字大小，效果如图7-166所示，在"图层"控制面板中生成新的文字图层。

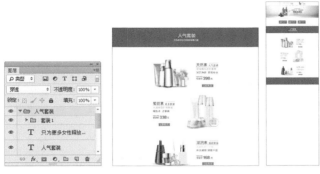

图7-163　　　　　　图7-164　　　　　图7-165　　　　　　图7-166

新建图层组并将其命名为"单品1"。将前景色设为红色（其R、G、B的值分别为230、0、18）。选择"矩形"工具 ■，在图像窗口中绘制矩形，如图7-167所示。

单击"图层"控制面板下方的"添加图层样式"按钮 fx.，在弹出的菜单中选择"渐变叠加"命令，弹出对话框，单击"点按可编辑渐变"按钮 ，弹出"渐变编辑器"对话框，将渐变颜色设为从浅灰色（其R、G、B的值分别为230、230、230）到白色，如图7-168所示，单击"确定"按钮，返回到"渐变叠加"对话框，其他选项的设置如图7-169所示。单击"确定"按钮，效果如图7-170所示。

图7-167　　　　　　图7-168　　　　　　　　　图7-169　　　　　　图7-170

按"Ctrl+O"组合键，打开网盘中的"Ch07 > 素材 > 化妆品网页首页 > 14"文件，选择"移动"工具 ⊕，将图片拖曳到图像窗口中适当的位置，并调整其大小，效果如图7-171所示，在"图层"控制面板中生成新图层并将其命名为"单品1"。

将前景色设为红色（其R、G、B的值分别为206、0、23）。选择"矩形"工具 ■，在图像窗口中绘制矩形，如图7-172所示。

图7-171

图7-172

　　将前景色设为黑色。选择"横排文字"工具 T.，在适当的位置输入需要的文字并选取文字，在属性栏中选择合适的字体并设置文字大小，效果如图7-173所示，在"图层"控制面板中生成新的文字图层。选取文字"立即购买"，在属性栏中将"文本颜色"设为白色，填充文字，效果如图7-174所示。

　　选择"直线"工具 ／，在属性栏中将"粗细"选项设为1像素，按住"Shift"键的同时，在图像窗口中分别绘制直线，效果如图7-175所示。

　　使用相同的方法制作其他"单品"，如图7-176所示。

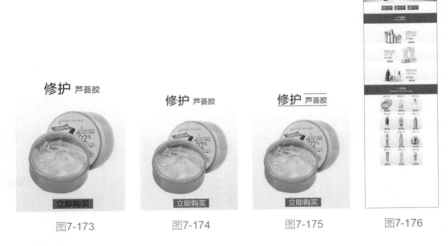

图7-173　　　　　　图7-174　　　　　　图7-175　　　　　　图7-176

5. 制作收藏区

　　单击"人气单品"图层组左侧的三角形图标 ▼，将"人气单品"图层组中的图层隐藏。单击"图层"控制面板下方的"创建新组"按钮 ▣，生成新的图层组并将其命名为"收藏"。

　　将前景色设为红色（其R、G、B的值分别为206、0、23）。选择"矩形"工具 ▣，在图像窗口中绘制矩形，如图7-177所示。

　　按"Ctrl+O"组合键，打开网盘中的"Ch07 > 素材 > 化妆品网页首页 > 26"文件，选择"移动"工具 ▸+，将图片拖曳到图像窗口中适当的位置并调整大小，效果如图7-178

所示，在"图层"控制面板中生成新图层并将其命名为"素材2"。按"Ctrl+Alt+G"组合键，为"素材2"图层创建剪贴蒙版，图像效果如图7-179所示。

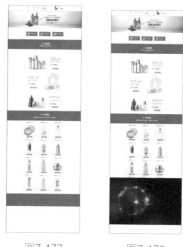
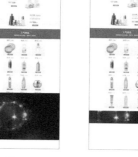

图7-177   图7-178   图7-179

按"Ctrl+O"组合键，打开网盘中的"Ch07 > 素材 > 化妆品网页首页 > 27"文件，选择"移动"工具，将图片拖曳到图像窗口中适当的位置并调整大小，效果如图7-180所示，在"图层"控制面板中生成新图层并将其命名为"人物"。按"Ctrl+Alt+G"组合键，为"人物"图层创建剪贴蒙版，图像效果如图7-181所示。

图7-180

图7-181

单击"图层"控制面板下方的"添加图层蒙版"按钮，为"人物"图层添加图层蒙版。将前景色设为黑色。选择"画笔"工具，在属性栏中单击"画笔"选项右侧的按钮，在弹出的面板中选择需要的画笔形状，如图7-182所示，在图像窗口中拖曳鼠标擦除不需要的图像，效果如图7-183所示。

将前景色设为白色。选择"矩形"工具，在图像窗口中绘制一个矩形，如图7-184所示。在图像窗口中再绘制一个矩形，在属性栏中将"填充颜色"设为无，"描边颜色"设为白色，"描边宽度"设为2点，效果如图7-185所示。

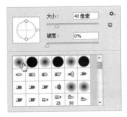

图7-182

图7-183

图7-184

图7-185

将前景色设为黑色。选择"横排文字"工具 **T**，在适当的位置输入需要的文字并选取文字，在属性栏中选择合适的字体并设置文字大小，效果如图7-186所示，在"图层"控制面板中生成新的文字图层。选取文字"收藏本店"，在属性栏中将"文本颜色"设为红色（其R、G、B的值分别为199、11、0），填充文字，效果如图7-187所示。

选择"直线"工具 ✎，在属性栏中将"粗细"选项设为1像素，按住"Shift"键的同时，在图像窗口中绘制直线，效果如图7-188所示。

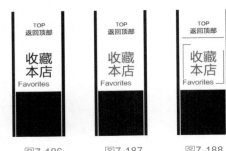

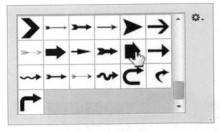

图7-186　　　图7-187　　　图7-188

图7-189

选择"自定形状"工具 ，单击"形状"选项右侧的 ，弹出"形状"面板，单击面板右上方的按钮 ，在弹出的菜单中选择"箭头"命令，弹出提示对话框，单击"追加"按钮。在"形状"面板中选中图形"箭头12"，如图7-189所示。在图像窗口中拖曳光标绘制图形，如图7-190所示。

按"Ctrl+T"组合键，图像周围出现变换框，在变换框中单击鼠标右键，在弹出的菜单中选择"旋转90度（逆时针）"命令，将形状逆时针旋转90度，按"Enter"键确定操作，效果如图7-191所示。

按"Ctrl+O"组合键，打开网盘中的"Ch07 > 素材 > 化妆品网页首页 > 28"文件，选择"移动"工具 ，将图片拖曳到图像窗口中适当的位置，并调整其大小，效果如图7-192所示，在"图层"控制面板中生成新图层并将其命名为"二维码"。

将前景色设为白色。选择"横排文字"工具 **T**，在适当的位置输入需要的文字并选取文字，在属性栏中选择合适的字体并设置文字大小，效果如图7-193所示，在"图层"控制面板中生成新的文字图层。

图7-190　　　图7-191　　　图7-192　　　图7-193

6. 制作客服区

单击"人气单品"图层组左侧的三角形图标 ▼，将"人气单品"图层组中的图层隐藏。单击"图层"控制面板下方的"创建新组"按钮 ▭，生成新的图层组并将其命名为"客服"。

按"Ctrl+O"组合键，打开网盘中的"Ch07 > 素材 > 化妆品网页首页 > 29"文件，选择"移动"工具 ▸♦，将图片拖曳到图像窗口中适当的位置，并调整其大小，效果如图7-194所示，在"图层"控制面板中生成新图层并将其命名为"头像1"。

将前景色设为灰色（其R、G、B的值分别为132、132、132）。选择"横排文字"工具 T，在适当的位置输入需要的文字并选取文字，在属性栏中选择合适的字体并设置文字大小，按"Alt+ ←"组合键，适当地调整文字间距，效果如图7-195所示，在"图层"控制面板中生成新的文字图层。

图7-194　　　　　　　　　　　　　　図7-195

使用相同的方法制作其他"客服信息"，如图7-196所示。

图7-196

选择"横排文字"工具 T，在适当的位置输入需要的文字并选取文字，在属性栏中选择合适的字体并设置文字大小，按"Alt+ ←"组合键，适当地调整文字间距，效果如

图7-197所示，在"图层"控制面板中生成新的文字图层。

选取文字"客服中心"和"在线时间"，在属性栏中将"文本颜色"设为深灰色
（其R、G、B的值分别为46、44、55），填充文字；按"Ctrl+T"组合键，在弹出的"字
符"控制面板中单击"仿粗体"按钮T，将文字加粗，按"Enter"键确定操作，效果如
图7-198所示。

图7-197

图7-198

将前景色设为深灰色（其R、G、B的值分别为46、44、55）。选择"椭圆"工具，
按住"Shift"键的同时，在图像窗口中绘制圆形，如图7-199所示。在"图层"控制面板
中生成新的形状图层"椭圆2"。

将"椭圆2"图层多次拖曳到"图层"控制面板下方的"创建新图层"按钮上进行
复制，生成新的图层"椭圆2 拷贝""椭圆2 拷贝2"和"椭圆2 拷贝3"。选择"移动"工
具，按住"Shift"键的同时，在图像窗口中将形状拖曳到适当的位置，如图7-200所示。

图7-199

图7-200

7. 制作页尾

单击"客服区"图层组左侧的三角形图标，将"客服区"图层组中的图层隐藏。单击
"图层"控制面板下方的"创建新组"按钮，生成新的图层组并将其命名为"页尾"。

在"图层"控制面板中，单击"店招和导航条"图层组左侧的三角形图标，将"店
招和导航条"图层组中的图层显示。按住"Shift"键的同时，将"椭圆1"图层和"形状
1"图层之间的所有图层同时选取，将选中的图层拖曳到"图层"控制面板下方的"创建
新图层"按钮上进行复制，生成多个新的图层。按"Ctrl+E"组合键，合并图层并将
其命名为"logo"。在"图层"控制面板中，将"logo"图层拖曳到"矩形26"图层的上
方，如图7-201所示。选择"移动"工具，在图像窗口中将图片拖曳到适当的位置，如
图7-202所示。

选择"图像>调整>反相"命令，将图像反相，效果如图7-203所示。

在"图层"控制面板上方，将"logo"图层的混合模式选项设为"变亮"，如
图7-204所示，图像效果如图7-205所示。

选择"矩形选框"工具，在图像窗口中绘制矩形选区，如图7-206所示。选择
"移动"工具，按住"Shift"键的同时，将选区中的图像拖曳到适当的位置，按

"Ctrl+D"组合键，取消选区，如图7-207所示。化妆品网页首页制作完成，效果如图7-208所示。

图7-201

图7-202

图7-203

图7-204

图7-205

图7-206

图7-207

图7-208

7.3 课后习题——制作珠宝首饰网店首页

【习题设计要点】以婚庆戒指为素材、设计一个以七夕情人节为主题的珠宝首饰店铺的首页。要求以素材照片的颜色作为配色依据，制作店招、导航条、首页海报、优惠券、新品展示区和热销商品区，画面以粉色系为主色调，营造出浪漫的气息，具体效果如图7-209所示。

【习题知识要点】使用移动工具添加素材图片，使用矩形工具、自定形状、横排文字工具制作店招与导航条，使用创建剪贴蒙版命令、色阶命令、羽化命令、投影样式和横排文字工具制作首页海报，使用矩形工具、圆角矩形工具和横排文字工具制作优惠券，使用创建剪贴蒙版命令、图层蒙版按钮、画笔工具、渐变工具、横排文字工具、渐变叠加样式、投影样式、描边样式、填充命令、矩形工具、圆角矩形工具制作商品陈列区。

【素材所在位置】网盘/Ch07/素材/制作珠宝首饰网店首页/01～11。

【效果所在位置】网盘/Ch07/效果/制作珠宝首饰网店首页.psd。

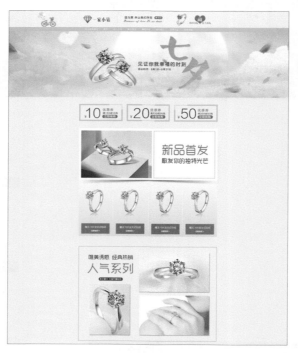

图7-209

第8章
商品详情页面各模块设计

本章详细介绍了网店详情页中各模块的设计规范与设计技巧。通过本章的学习，读者要了解并掌握使用Photoshop设计制作网店详情页各个模块的方法和技巧。

学习目标

1 商品橱窗区的设计
2 悬浮导航区的设计
3 商品描述区的设计

详情页是对店铺中销售的单个商品进行展示和详细介绍的页面，是影响交易达成的关键因素。一个好的详情页不仅要能清晰合理地介绍商品信息，还要对商品进行整体包装，体现出买家需求，找准卖点，通过足够吸引人的内容，提升买家的购买欲望。一个详情页通常包括商品橱窗区、悬浮导航区和商品描述区3个模块，如图8-1所示。

图8-1

8.1 商品橱窗区

商品橱窗区位于商品详情页的顶端位置，一件商品可以展示6张商品主图，包括正面图、背面图、侧面图、细节图或不同颜色图，如图8-2所示。

8.1.1 商品主图的设计规范

商品主图位于橱窗区的左方，尺寸为400像素×400像素，图片格式为JPG、PNG、GIF。当上传的商品主图尺寸大于700像素×700像素时，会自动出现放大镜功能，买家将鼠标移动到商品主图上时会显示局部放大效果，方便查看商品细节，如图8-3所示。

图8-2

图8-3

8.1.2 商品主图素材的选择

在选择商品主图的素材时，图片的首要条件是完整、清晰、曝光正确。不要将多张图拼在一起，一张图片只反映商品一方面的内容。尽量不要在主图上标上杂乱的文字和水印，否则容易降低商品的品质。由于在橱窗中可以展示6张图，所以要尽可能合理地展示商品的多个角度，从而增强商品的立体感，让买家更清晰地看到商品全貌。

8.1.3 添加文案

在商品主图上可以利用主图的空白处添加一点描述商品特色和卖点的辅助文案，来传递更多的商品信息。图8-4所示为一个电水壶的主图，将商品的特点用简短的文字表达出来，作为吸引买家的关键点，让买家在了解商品的外观的同时也能了解商品的主要功能特征。

图8-5所示为一款化妆品的主图，主图上添加了该商品的促销活动信息，以刺激消费者的购买欲望。

8.1.4 增加图片质感

买家在购买像高档的珠宝饰品、不锈钢材质的手表等商品时，会非常看中商品的品质，因此在拍照后需要进行后期处理，可以运用倒影的手法将珠宝、手表的光泽质感表达出来，使商品显得更加高档，有品质。主图质感的体现，在无形中能够影响到买家对商品的心理感受，如图8-6所示。

图8-4

图8-5

图8-6

8.1.5　添加场景

单独的展示商品会显得很单调，很难打动消费者，尤其是家居消费品，例如沙发，如果只是看到沙发款式很好看，就会顾虑放置在自己家里是否与自家装修风格协调，消费者更希望看到沙发放置在一个具体的客厅里面，这样能够方便他们对沙发进行选择和取舍，消除潜在的顾虑，如图8-7所示。

图8-7

8.1.6　商品主图设计案例

【案例知识要点】使用渐变工具制作白色光晕，使用移动工具添加素材图片，使用色相/饱和度命令调整图片颜色，使用添加图层蒙版按钮、渐变工具和画笔工具制作图片渐隐效果，使用横排文字工具制作促销信息，效果如图8-8所示。

【素材所在位置】网盘/Ch08/素材/化妆品主图/01~05。

【效果所在位置】网盘/Ch08/效果/化妆品主图.psd。

　　按"Ctrl+N"组合键，新建一个文件，宽度为800像素，高度为800像素，分辨率为300像素/英寸，颜色模式为RGB，背景内容为白色，单击"确定"按钮。将前景色设为蓝色（其R、G、B的值分别为85、202、225），按"Alt+Delete"组合键，用前景色填充"背景"图层，效果如图8-9所示。

　　新建图层并将其命名为"白色光晕"。选择"渐变"工具，单击属性栏中的"点按可编辑渐变"按钮，弹出"渐变编辑器"对话框，将渐变色设为从白色到透明色，单击"确定"按钮。选中属性栏中的"径向渐变"按钮，在图像窗口中拖曳光标填充渐变色，效果如图8-10所示。

　　新建图层组并将其命名为"化妆品组合"。按"Ctrl+O"组合键，打开网盘中的"Ch08 > 素材 > 化妆品主图 > 01、02"文件，选择"移动"工具，分别将图片拖曳到图像窗口中适当的位置，效果如图8-11所示，在"图层"控制面板中生成新的图层并将其命名为"化妆品1"和"化妆品2"。

| 图8-8 | 图8-9 | 图8-10 | 图8-11 |

　　按"Ctrl+J"组合键，复制"化妆品2"图层，生成新的图层"化妆品2 拷贝"。按"Ctrl+T"组合键，图像周围出现变换框，将变换中点拖曳到适当的位置，如图8-12所示。在变换框中单击鼠标右键，在弹出的菜单中选择"垂直翻转"命令，将图片垂直翻转，效果如图8-13所示；在变换框中单击鼠标右键，在弹出的菜单中选择"变形"命令，分别拖曳控制手柄到适当的位置，如图8-14所示。按"Enter"键确定操作，效果如图8-15所示。

| 图8-12 | 图8-13 | 图8-14 | 图8-15 |

　　单击"图层"控制面板下方的"添加图层蒙版"按钮，为"化妆品2 拷贝"图层添加图层蒙版，如图8-16所示。选择"渐变"工具，单击属性栏中的"点按可编辑渐变"按钮，弹出"渐变编辑器"对话框，将渐变色设为黑色到白色，单击"确定"按钮，选中属性栏中的"线性渐变"按钮，按住"Shift"键的同时，在图像窗口中

拖曳光标填充渐变色，效果如图8-17所示。

在"图层"控制面板中，将"化妆品2 拷贝"图层拖曳到"化妆品2"图层的下方，如图8-18所示，图像效果如图8-19所示。用相同的方法为"化妆品1"图层添加倒影效果并调整其顺序，如图8-20所示。

图8-16　　　　　　图8-17　　　　　　图8-18　　　　　　图8-19　　　　　　图8-20

按"Ctrl+O"组合键，打开网盘中的"Ch08 > 素材 > 化妆品主图 > 03"文件，选择"移动"工具，将图片拖曳到图像窗口中适当的位置，效果如图8-21所示，在"图层"控制面板中生成新的图层并将其命名为"芦荟"。

按"Ctrl+J"组合键，复制"芦荟"图层，生成新的图层"芦荟 拷贝"。按"Ctrl+T"组合键，图像周围出现变换框，在变换框中单击鼠标右键，在弹出的菜单中选择"垂直翻转"命令，将图片垂直翻转并拖曳到适当位置。按"Enter"键确定操作，效果如图8-22所示。

单击"图层"控制面板下方的"添加图层蒙版"按钮，为"芦荟"图层添加图层蒙版，如图8-23所示。选择"渐变"工具，按住"Shift"键的同时，在图像窗口中拖曳光标填充渐变色，效果如图8-24所示。

图8-21　　　　　　　图8-22　　　　　　　图8-23　　　　　　　图8-24

按"Ctrl+O"组合键，打开网盘中的"Ch08 > 素材 > 化妆品主图 > 04、05"文件，选择"移动"工具，分别将图片拖曳到图像窗口中适当的位置，效果如图8-25所示，在"图层"控制面板中生成新的图层并将其命名为"水珠"和"水花"，如图8-26所示。单击"化妆品组合"图层组左侧的三角形图标，将"化妆品组合"图层组中的图层隐藏。

单击"图层"控制面板下方的"创建新的填充或调整图层"按钮，在弹出的菜单中选择"色相/饱和度"命令，在"图层"控制面板中生成"色相/饱和度1"图层，同时弹出"色相/饱和度"面板，单击"此调整影响下面所有图层"按钮使其显示为"此调整剪切到此图层"按钮 ，其他选项设置如图8-27所示；按"Enter"键确认操作，效果如图8-28所示。

图8-25   图8-26   图8-27   图8-28

　　将前景色设为粉色（其R、G、B的值分别为217、51、97）。选择"多边形"工具 ，将"边"选项设为24，单击属性栏中的按钮 ，在弹出的面板中进行设置，如图8-29所示，按住"Shift"键的同时，在图像中绘制图形，效果如图8-30所示。

　　选择"椭圆"工具 ，在属性栏中将"填充颜色"设为米白色（其R、G、B的值分别为240、230、221），"描边颜色"设为无，按住"Shift"键的同时，在图像窗口中绘制圆形，如图8-31所示。在"图层"控制面板中生成新的形状图层"椭圆1"。

　　将"椭圆1"图层拖曳到"图层"控制面板下方的"创建新图层"按钮 上进行复制，生成新的图层"椭圆1 拷贝"。按"Ctrl+T"组合键，在图像周围出现变换框，按住"Alt+Shift"键的同时，拖曳右上角的控制手柄等比例缩小圆形，按"Enter"键确定操作。

　　在属性栏中将"填充颜色"设为无，将"描边颜色"设为粉色（其R、G、B的值分别为217、51、97），"描边宽度"设为0.5点，效果如图8-32所示。

图8-29   图8-30   图8-31   图8-32

　　将前景色设为粉色（其R、G、B的值分别为217、51、97）。选择"横排文字"工具 ，在适当的位置输入需要的文字并选取文字，在属性栏中选择合适的字体并设置文字大小，按"Alt+ ←"键，调整文字适当的间距，效果如图8-33所示，在"图层"控制面板中生成新的文字图层。选取文字"第2瓶半价"，单击属性栏中的"居中对齐文本"按钮 ，居中对齐文本，效果如图8-34所示。

　　将前景色设为白色。在适当的位置输入需要的文字并选取文字，在属性栏中选择合适的字体并设置大小，按"Alt+ ←"键，调整文字适当的间距，效果如图8-35所示，在"图层"控制面板中生成新的文字图层。化妆品主图制作完成。

图8-33

图8-34

图8-35

8.2 悬浮导航区

在商品橱窗下方左侧的位置为悬浮导航模块，包括本店搜索、宝贝分类、宝贝排行榜、收藏店铺、联系客服等信息，如图8-36所示。店铺中每一件商品的详情页打开后，悬浮导航模块都是一样的。

图8-36

8.3 商品描述区

在悬浮导航的右侧为商品描述区，是对商品主要进行展示描述的区域。商品描述区的宽度为750像素，高度自定，由于描述区通常较长，因此分为几个模块进行设计，包括宝贝详情、广告海报、商品概述、商品展示和细节展示等模块。其中最上方的"宝贝详情"模块是系统默认的，不能自行设计，如图8-37所示。商品描述区设计的精致程度直接影响到买家对商品的认知。

宝贝详情	累计评论 39	专享服务		手机购买 🛒 ▾
风格: 街头		街头: 欧美	组合形式: 单件	
裙长: 短裙		袖长: 短袖	领型: 圆领	
袖型: 常规		腰型: 中腰	衣门襟: 套头	
裙型: A字裙		图案: 纯色	流行元素/工艺: 绣花	
成分含量: 31%(含)-50%(含)		材质: 涤纶	适用年龄: 25-29周岁	
年份季节: 2017年春季		颜色分类: 香槟金	尺码: S M L	

图8-37

▶▶ 8.3.1 广告海报

详情页中的广告海报是对整个商品详情的浓缩展示，会将商品的卖点、品牌品质、促销方式等信息表现出来。买家在商品描述区域继续浏览的时候，能够迅速引起买家的兴趣和购买欲望。商品详情页的广告海报尺寸宽度为750像素，高度无限制。

在设计广告海报时，信息分层要合理、清晰，主题明确，将活动文案与视觉设计氛围相结合，突出商品的特性，明确受众人群。例如，在化妆品类商品的详情页中，根据受众人群的不同来确定不同的色彩搭配。受众人群为18~30岁的年轻女性，则化妆品的广告海报通常使用清新、亮度高的色调，添加与商品特性有关的商品卖点文案，使用特效将商品特性表现出来，如图8-38所示。而针对成熟女性的高端护肤品的海报色调一般会使用金色、香槟色、紫色、大红等与黑色搭配，彰显成熟、高端、奢华气息，如图8-39所示。男士护肤品的广告海报则一般使用较为男性化的深蓝色、深灰色和黑色等深色系的颜色，严肃、深沉的色调能将商品特性衬托出来，如图8-40所示。

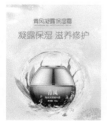

图8-38

图8-39   图8-40

8.3.2　商品概述

商品概述模块主要是用来介绍商品的使用方法、设计亮点、面料、功能特色、尺寸表或洗涤说明（服装类）等信息，如图8-41所示。商品概述模块在设计时要避免使用大量的文字进行描述，而是要对商品的特点、功能等进行归纳总结，通过文字和图片的完美搭配，并合理进行布局和版式规划，来提升文字的可读性。

8.3.3　商品展示

1. 多角度展示

将商品的正面、侧面、背面等全方位展示商品全貌，让买家对商品有更清晰地了解，如图8-42所示。

图8-41

图8-42

2. 颜色展示

同一款商品往往会有多种颜色，可以通过合理的布局和版式规划，将多种颜色介绍给买家，让买家有更多的选择，如图8-43所示。

3. 模特展示

服装或鞋等商品穿在模特身上，效果更加直观，给人的感觉最自然，如图8-44所示。

图8-43

图8-44

4. 场景展示

将商品或模特放置在一个适合的场景中，可以增添商品的真实感，如图8-45所示。

图8-45

8.3.4 细节展示

　　细节决定成败，商品局部细节的展现对于网店商品的销售非常重要。买家只有通过查看商品的细节才能判断出商品的质量、工艺等相关信息，从而降低买家的购买顾虑。不同的商品根据外观、材质、功能等差异，在设计商品细节展示模块时会采取不同的表现形式进行设计。例如，可以将商品先完整地展示出来，再把需要展示的局部细节图片以放大镜的形式环绕在它的周围，如图8-46所示。也可以只将商品的局部细节放大，如图8-47所示。

图8-46　　　　　　　　　　　　　　　　　图8-47

8.4　课后习题1——设计制作商品主图

　　【习题设计要点】以一款电饭煲为素材、设计一个商品主图。要求添加包退换信息以及商品卖点等辅助信息，通过适当的装饰几何图形与文字、色彩相结合突出商品信息，具体效果如图8-48所示。

　　【习题知识要点】使用移动工具添加素材图片，使用椭圆工具、直接选择工具和属性面板制作阴影效果，使用横排文字工具、矩形工具和椭圆工具制作品牌名称和促销信息。

　　【素材所在位置】网盘/Ch08/素材/电饭煲商品主图/01～03。

【效果所在位置】网盘/Ch08/效果/电饭煲商品主图.psd。

图8-48

8.5　课后习题2——设计制作商品描述区中的广告海报

【习题设计要点】以一款女士面霜为素材，设计一个商品描述区中的商品广告海报。要求突出面霜的形象、特点，画面色彩要柔和，营造出纯天然、健康、名贵奢华的视觉效果，具体效果如图8-49所示。

【习题知识要点】使用移动工具添加素材图片，使用添加图层蒙版按钮、画笔工具擦除不需要的图像，使用椭圆工具、属性面板制作投影效果，使用色相/饱和度命令调整图片颜色，使用横排文字工具添加产品相关信息。

【素材所在位置】网盘/Ch08/素材/化妆品海报/01～04。

【效果所在位置】网盘/Ch08/效果/化妆品海报.psd。

图8-49

第9章
商品详情页面整体设计

本章将以服装类网店和化妆品类网店为例，详细讲解使用Photoshop制作网店详情页的过程。通过本章的学习，读者能够掌握网店详情页的设计思路和制作方法。

学习目标

① 服装类网店详情页的设计与制作
② 化妆品网店详情页的设计与制作

9.1 服装类网店详情页的设计与制作

9.1.1 案例分析

1. 设计要点

本案例是为一家女装专卖店中的一件毛呢大衣所设计的详情页。店主要求该页面要能清晰、准确地展示出毛呢大衣的特点以及详细的相关信息，快速吸引买家眼球的同时还能消除买家的顾虑。在设计风格上要求简约、时尚，与首页风格保持一致。

详情页的主要内容包括商品主图、广告海报、大衣的面料介绍、尺码介绍、颜色介绍、洗涤说明、模特实拍图、细节展示图等内容，如图9-1所示。

商品橱窗区里商品主图的选取，要求完整地展示出模特和大衣的全貌，设计时为了让买家将眼球集中到大衣上，不要添加过多的广告文字。

广告海报图采用了杂志封面的设计风格，设计元素十分简约，给人以时尚感。并且，广告海报图通过简单的文字将大衣的卖点全部展示出来，以引起买家注意。

产品信息描述区中添加了大衣的面料介绍、洗涤说明以及尺码表，为买家提供方便，同时也能节省客服的时间。这部分内容采用左图右字的布局形式，由于文字偏多，文字在段落的编排上全部采用左对齐，并利用文字的色彩、线条、色块等应用将段落与文字信息区分开，这样既有层次感又提升了内容的易读性。

模特展示区与颜色介绍区的内容都是以图片为主，都同样采用了等距等大的方块式布局。

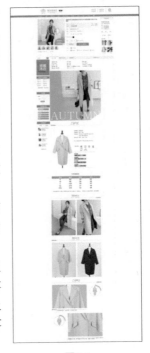

图9-1

细节展示区中图片采用错落有致的排列方式增加了画面的灵活性，并对细节的位置加以标注，便于买家理解细节图。

2. 配色方案

整个详情页的色调延续了首页的配色，大部分的设计元素以灰色为主，将小部分的线条、装饰元素使用水红色，这样在风格上与首页保持统一，完整性好。案例配色如图9-2所示。

R255,G255,B255	R245,G255,B231	R207,G197,B188	R253,G81,B281	R111,G115,B127
C0,M0,Y0,K0	C7,M0,Y15,K0	C22,M22,Y24,K0	C0,M81,Y59,K0	C65,M55,Y44,K1

图9-2

➤➤ 9.1.2　案例制作

1. 制作商品橱窗区

打开Photoshop软件，按"Ctrl+N"组合键，新建一个文件，开始制作女装详情页中的"商品橱窗区"。

新建图层组并将其命名为"商品橱窗区"。选择"矩形"工具 ▣，在属性栏中将"填充颜色"设为深灰色（其R、G、B的值分别为166、166、164），"描边颜色"设为浅灰色（其R、G、B的值分别为218、218、218），"描边宽度"设为1点，在图像窗口中绘制一个矩形，如图9-3所示。在"图层"控制面板中生成新的形状图层"矩形1"。

按"Ctrl+O"组合键，打开网盘中的"Ch09 > 素材 > 女装详情页 > 01"文件，选择"移动"工具 ⊕，将人物图片拖曳到图像窗口中适当的位置，效果如图9-4所示，在"图层"控制面板中生成新图层并将其命名为"人物1"。按"Ctrl+Alt+G"组合键，为"人物1"图层创建剪贴蒙版，图像效果如图9-5所示。

图9-3

图9-4

图9-5

选择"椭圆"工具 ⬭，在属性栏中将"填充颜色"设为玫红色（其R、G、B的值分别为255、78、79），"描边颜色"设为无，按住"Shift"键的同时，在图像窗口中绘制一个圆形，如图9-6所示。在"图层"控制面板中生成新的形状图层"椭圆1"。按"Ctrl+Alt+G"组合键，为"椭圆1"图层创建剪贴蒙版，图像效果如图9-7所示。

将前景色设为白色。选择"横排文字"工具 Ⓣ，在适当的位置分别输入需要的文字并选取文字，在属性栏中分别选择合适的字体并设置文字大小，效果如图9-8所示，在"图层"控制面板中生成新的文字图层。

按"Ctrl+O"组合键，打开网盘中的"Ch09 > 素材 > 女装详情页 > 02"文件，选择"移动"工具，将图片拖曳到图像窗口中适当的位置，效果如图9-9所示，在"图层"控制面板中生成新图层并将其命名为"标志"。单击"商品橱窗区"图层组左侧的三角形图标，将"商品橱窗区"图层组中的图层隐藏。

图9-6　　　　　　　图9-7　　　　　　　图9-8　　　　　　　图9-9

2. 制作广告海报

接下来制作女装详情页中的"产品海报"。新建图层组并将其命名为"产品海报"。选择"矩形"工具，在属性栏中将"填充颜色"设为灰色（其R、G、B的值分别为147、146、144），"描边颜色"设为无，在图像窗口中绘制一个矩形，如图9-10所示。在"图层"控制面板中生成新的形状图层"矩形2"。

按"Ctrl+O"组合键，打开网盘中的"Ch09 > 素材 > 女装详情页 > 03"文件，选择"移动"工具，将人物图片拖曳到图像窗口中适当的位置，效果如图9-11所示，在"图层"控制面板中生成新图层并将其命名为"人物2"。

按"Ctrl+Alt+G"组合键，为"人物2"图层创建剪贴蒙版，图像效果如图9-12所示。单击"图层"控制面板下方的"添加图层蒙版"按钮，为"人物2"图层添加图层蒙版，如图9-13所示。

图9-10　　　　　　图9-11　　　　　　图9-12　　　　　　图9-13

将前景色设为黑色。选择"画笔"工具，在属性栏中单击"画笔"选项右侧的按钮，在弹出的画笔面板中选择需要的画笔形状，如图9-14所示；在图像窗口中进行涂抹，擦除不需要的部分，效果如图9-15所示。

将前景色设为白色。选择"横排文字"工具，在适当的位置分别输入需要的文字并选取文字，在属性栏中分别选择合适的字体并设置文字大小，按"Alt+ ←"组合键，调整文字适当的间距，效果如图9-16所示。在"图层"控制面板中生成新的文字图层。分别选取需要的文字，在属性栏中将"文本颜色"设为黑色，填充文字，效果如图9-17所示。

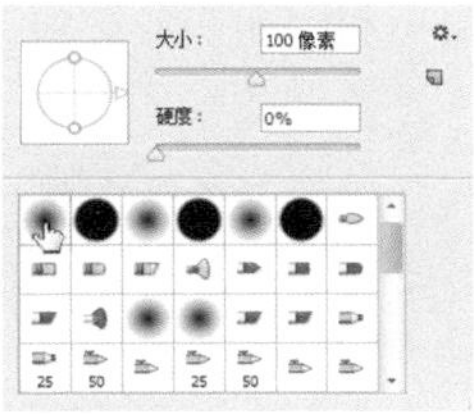

图9-14

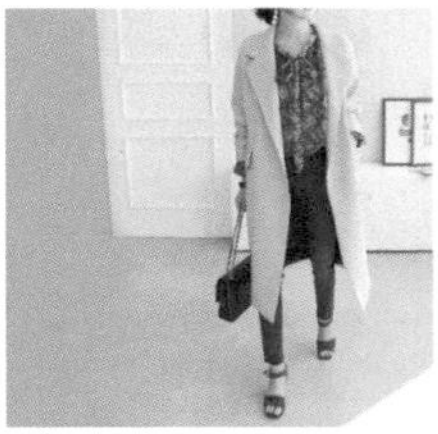

图9-15

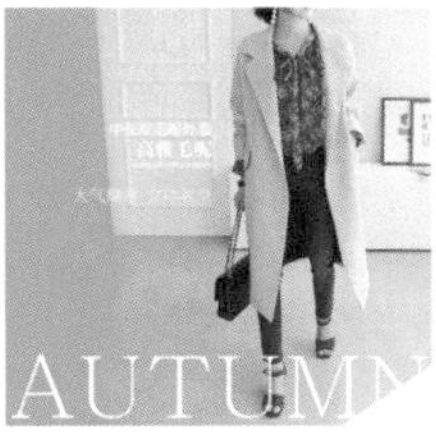

图9-16

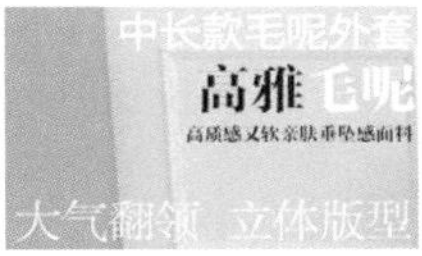

图9-17

选择“矩形”工具，在属性栏中将“填充颜色”设为白色，“描边颜色”设为无，在图像窗口中绘制一个矩形，如图9-18所示。在“图层”控制面板中生成新的形状图层“矩形3”。

选择“直线”工具，在属性栏中将“填充颜色”设为白色，“粗细”设为1像素，按住“Shift”键的同时，在图像窗口中绘制直线，效果如图9-19所示。在“图层”控制面板中生成新的形状图层“形状1”。单击“产品海报”图层组左侧的三角形图标，将“产品海报”图层组中的图层隐藏。

3. 制作产品信息

接下来制作女装详情页中的“产品信息”。新建图层组并将其命名为“产品信息”。选择“矩形”工具，在属性栏中将“填充颜色”设为玫红色（其R、G、B的值分别为255、78、79），“描边颜色”设为无，在图像窗口中绘制一个矩形，如图9-20所示。在“图层”控制面板中生成新的形状图层“矩形4”。选择“直接选择”工具，选中右上角的锚点，向左拖曳锚点到适当的位置，效果如图9-21所示。

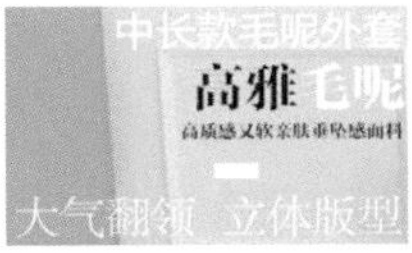

图9-18

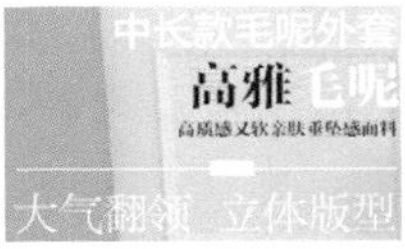

图9-19

图9-20

图9-21

选择“直线”工具，在属性栏中将“填充颜色”设为玫红色（其R、G、B的值分别为255、78、79），“粗细”设为1像素，按住“Shift”键的同时，在图像窗口中绘制直线，效果如图9-22所示。在“图层”控制面板中生成新的形状图层“形状2”。

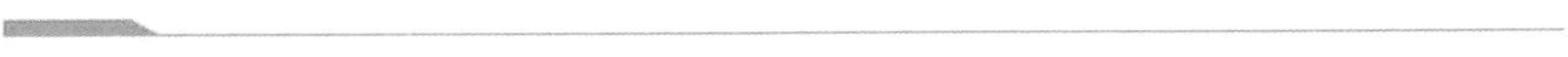

图9-22

将前景色设为灰色（其R、G、B的值分别为98、98、98）。选择“横排文字”工具，在适当的位置分别输入需要的文字并选取文字，在属性栏中分别选择合适的字体并设置文字大小，按“Alt+ ←”组合键，调整文字适当的间距，效果如图9-23所示。在“图层”控制面板中生成新的文字图层。

按“Ctrl+O”组合键，打开网盘中的“Ch09 > 素材 > 女装详情页 > 04”文件，选择

"移动"工具 ⊞，将图片拖曳到图像窗口中适当的位置，效果如图9-24所示，在"图层"控制面板中生成新图层并将其命名为"衣服"。

产品信息
CHAN PIN XIN XI

图9-23

将前景色设为灰色（其R、G、B的值分别为40、32、32）。选择"横排文字"工具 ⊤，在适当的位置分别输入需要的文字并选取文字，在属性栏中分别选择合适的字体并设置文字大小，效果如图9-25所示。在"图层"控制面板中生成新的文字图层。

图9-24

图9-25

选择"横排文字"工具 ⊤，选取需要的文字，在属性栏中将"文本颜色"设为红色（其R、G、B的值分别为215、0、0），填充文字，效果如图9-26所示。

按"Ctrl+O"组合键，打开网盘中的"Ch09 > 素材 > 女装详情页 > 05"文件，选择"移动"工具 ⊞，将图片拖曳到图像窗口中适当的位置，效果如图9-27所示，在"图层"控制面板中生成新图层并将其命名为"说明图"。

图9-26

图9-27

选择"矩形"工具 ▣，在属性栏中将"填充颜色"设为玫红色（其R、G、B的值分别为255、78、79），"描边颜色"设为无，在图像窗口中绘制一个矩形，如图9-28所示。在"图层"控制面板中生成新的形状图层"矩形5"。将其拖曳到"透视……偏厚"

文字图层的下方，图像效果如图9-29所示。

　　选择"移动"工具[⊹]，按住"Alt+Shift"组合键的同时，垂直向下分别拖曳矩形到适当的位置，复制矩形，效果如图9-30所示。选择"横排文字"工具[T]，分别选取需要的文字，在属性栏中将"文本颜色"设为白色，填充文字，效果如图9-31所示。单击"产品信息"图层组左侧的三角形图标[▼]，将"产品信息"图层组中的图层隐藏。

厚度指数	厚度指数 透湿 轻薄 适中 偏厚	厚度指数 透湿 轻薄 适中 偏厚	厚度指数 透湿 轻薄 适中 偏厚
版型指数	版型指数	版型指数	版型指数
紧身 修身 合身 宽松	紧身 修身 合身 宽松	紧身 修身 合身 宽松	紧身 修身 合身 宽松
弹力指数	弹力指数	弹力指数	弹力指数
无弹 微弹 弹力 高弹	无弹 微弹 弹力 高弹	无弹 微弹 弹力 高弹	无弹 微弹 弹力 高弹
柔软指数	柔软指数	柔软指数	柔软指数
微柔 柔软 很柔 偏柔	微柔 柔软 很柔 偏柔	微柔 柔软 很柔 偏柔	微柔 柔软 很柔 偏柔
图9-28	图9-29	图9-30	图9-31

4．制作尺码表

　　接下来制作女装详情页中的"尺码表"。新建图层组并将其命名为"尺码表"。选择"矩形"工具[▣]，在属性栏中将"填充颜色"设为无，"描边颜色"设为浅灰色（其R、G、B的值分别为226、226、226），"描边宽度"设为1点，在图像窗口中绘制一个矩形，如图9-32所示。在"图层"控制面板中生成新的形状图层"矩形6"。

　　将前景色设为黑色。选择"横排文字"工具[T]，在适当的位置分别输入需要的文字并选取文字，在属性栏中分别选择合适的字体并设置文字大小，效果如图9-33所示。在"图层"控制面板中生成新的文字图层。

图9-32

尺码表SIZE			
尺码	胸围	肩宽	衣长
S	92	38	85
M	96	39	86
L	100	40	87
XL	104	41	88
2XL	108	42	88
所有衣服全为手工测量，在测量的方法上与个人都会有一定的出入，一般会有1-2cm的正常误差，请亲们谅解。			

图9-33

　　选择"矩形"工具[▣]，在属性栏中将"填充颜色"设为玫红色（其R、G、B的值分别为255、78、79），"描边颜色"设为无，在图像窗口中绘制一个矩形，如图9-34所示。在"图层"控制面板中生成新的形状图层"矩形7"。将其拖曳到"尺码表SIZE"文字图层的下方，图像效果如图9-35所示。

尺码表SIZE			
S	92	38	85
M	96	39	86
L	100	40	87
XL	104	41	88
2XL	108	42	88
所有衣服全为手工测量，在测量的方法上与个人都会有一定的出入，一般会有1-2cm的正常误差，请亲们谅解。			

图9-34

尺码表SIZE			
尺码	胸围	肩宽	衣长
S	92	38	85
M	96	39	86
L	100	40	87
XL	104	41	88
2XL	108	42	88
所有衣服全为手工测量，在测量的方法上与个人都会有一定的出入，一般会有1-2cm的正常误差，请亲们谅解。			

图9-35

　　选择"横排文字"工具[T]，分别选取需要的文字，在属性栏中将"文本颜色"设为白色，填充文字，效果如图9-36所示。

尺码表SIZE

尺码	胸围	肩宽	衣长
S	92	38	85
M	96	39	86
L	100	40	87
XL	104	41	88
2XL	108	42	88

所有衣服全为手工测量，在测量的方法上与个人都会有一定的出入，一般会有1-2cm的正常误差，请亲们谅解。

图9-36

选择"自定形状"工具 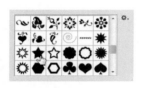，单击属性栏中的"形状"选项，弹出"形状"面板，在面板中选中需要的图形，如图9-37所示。将"填充颜色"设为玫红色（其R、G、B的值分别为255、78、79），"描边颜色"设为无，按住"Shift"键的同时，在图像窗口中拖曳鼠标绘制星形，效果如图9-38所示。单击"尺码表"图层组左侧的三角形图标▼，将"尺码表"图层组中的图层隐藏。

图9-37

尺码表SIZE

尺码	胸围	肩宽	衣长
S	92	38	85
M	96	39	86
L	100	40	87
XL	104	41	88
2XL	108	42	88

★ 所有衣服全为手工测量，在测量的方法上与个人都会有一定的出入，一般会有1-2cm的正常误差，请亲们谅解。

图9-38

5. 制作模特展示区

接下来制作女装详情页中的"模特展示"。新建图层组并将其命名为"模特展示"。复制"产品信息"区域的标题栏，修改标题文字，如图9-39所示。选中刚复制的拷贝图层，按"Ctrl+T"组合键，在图像周围出现变换框，单击鼠标右键，在弹出的菜单中选择"水平翻转"命令，水平翻转图像，按"Enter"键确定操作，效果如图9-40所示。

模特展示
MO TE ZHAN SHI

图9-39

模特展示
MO TE ZHAN SHI

图9-40

选择"矩形"工具，在属性栏中将"填充颜色"设为黑色，"描边颜色"设为无，在图像窗口中绘制一个矩形，如图9-41所示。在"图层"控制面板中生成新的形状图层"矩形8"。选择"移动"工具，按住"Alt+Shift"组合键的同时，水平向右拖曳矩形到适当的位置，复制矩形，效果如图9-42所示。

选中"矩形8"图层。按"Ctrl+O"组合键，打开网盘中的"Ch09 > 素材 > 女装详情页 > 06"文件，选择"移动"工具，将人物图片拖曳到图像窗口中适当的位置，效果如图9-43所示，在"图层"控制面板中生成新图层并将其命名为"人物3"。按"Ctrl+Alt+G"组合键，为"人物3"图层创建剪贴蒙版，图像效果如图9-44所示。

图9-41　　　　　　　　图9-42　　　　　　　　图9-43　　　　　　　　图9-44

选中"矩形8 拷贝"图层。按"Ctrl+O"组合键，打开网盘中的"Ch09 > 素材 > 女装详情页 > 07"文件，选择"移动"工具，将人物图片拖曳到图像窗口中适当的位置，效果如图9-45所示，在"图层"控制面板中生成新图层并将其命名为"人物4"。按"Ctrl+Alt+G"组合键，为"人物4"图层创建剪贴蒙版，图像效果如图9-46所示。单击"模特展示"图层组左侧的三角形图标，将"模特展示"图层组中的图层隐藏。

图9-45　　　　　　　　　　　　　　　图9-46

6. 制作颜色分类和产品细节

使用相同的方法制作"颜色分类"和"产品细节"，如图9-47所示。

图9-47

选择"椭圆"工具 ，在属性栏中将"填充颜色"设为无，"描边颜色"设为灰色（其R、G、B的值分别为111、114、127），"描边宽度"设为2点，按住"Shift"键的同时，在图像窗口中绘制圆形，如图9-48所示。在"图层"控制面板中生成新的形状图层"椭圆2"。

在属性栏中单击"描边类型"选项，在弹出的"描边选项"面板中选择需要的虚线，如图9-49所示，圆形虚线效果如图9-50所示。

图9-48　　　　　　图9-49　　　　　　图9-50

将"椭圆2"图层拖曳到"图层"控制面板下方的"创建新图层"按钮 上进行复制，生成新的图层"椭圆2 拷贝"。按"Ctrl+T"组合键，在图像周围出现变换框，按住"Alt+Shift"组合键的同时，拖曳右上角的控制手柄等比例放大虚线圆，按"Enter"键确定操作，效果如图9-51所示。

选择"直接选择"工具 ，按住"Shift"键的同时，依次单击选取需要的锚点，如图9-52所示，按"Delete"键将其删除，如图9-53所示。在属性栏中将"描边颜色"设为玫红色（其R、G、B的值分别为255、78、79），"描边宽度"设为8点，"描边类型"设为实线，效果如图9-54所示。

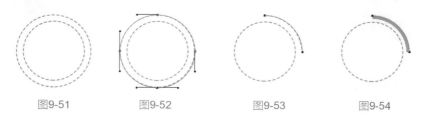

图9-51　　　　　图9-52　　　　　图9-53　　　　　图9-54

按"Ctrl+O"组合键，打开网盘中的"Ch09 > 素材 > 女装详情页 > 04"文件，选择"移动"工具 ，将图片拖曳到图像窗口中适当的位置，效果如图9-55所示，在"图层"控制面板中生成新图层并将其命名为"衣服1"。

选择"矩形"工具 ，在属性栏中将"填充颜色"设为无，"描边颜色"设为深灰色（其R、G、B的值分别为217、217、217），"描边宽度"设为3点，在图像窗口中绘制一个矩形，如图9-56所示。在"图层"控制面板中生成新的形状图层"矩形9"。

将前景色设为灰色（其R、G、B的值分别为98、98、98）。选择"横排文字"工具 ，在适当的位置分别输入需要的文字并选取文字，在属性栏中分别选择合适的字体并设置文字大小，效果如图9-57所示。在"图层"控制面板中生成新的文字图层。

图9-55　　　　　　　图9-56

选择"直线"工具 ⟋ ，在属性栏中将"填充颜色"设为灰色（其R、G、B的值分别为98、98、98），"粗细"选项设为1像素，按住"Shift"键的同时，在图像窗口中分别绘制线条，效果如图9-58所示。在"图层"控制面板中生成新的形状图层"形状3"和"形状4"。

使用相同的方法制作其他图形和文字，效果如图9-59所示。

图9-57　　　　　　　图9-58　　　　　　　图9-59

9.2 化妆品类网店详情页的设计与制作

9.2.1　案例分析

1. 设计要点

本案例是为一家化妆品专卖店的一款补水面霜所设计的详情页。店主要求该页面在完美地展示商品外在价值的同时，要能清晰、准确地说明面霜的功效以及成分、使用方法等相关信息，提升买家的信任。在设计风格上要求与首页风格保持一致。

详情页的主要内容包括商品主图、广告海报、产品信息、面霜的功效介绍、产品成分说明、使用方法说明、商品实拍图等内容，如图9-60所示。

商品橱窗区里商品主图的设计，要求完美、精致地展现面霜的全貌，为了表现出"植物纯正提取"的特点，在画面中点缀了红色花瓣的素材来烘托商品，同时添加通透感的背景和投影效果，提升了商品的品质感。

广告海报图继续沿用了主图的设计，根据面霜的保湿功效，在画面中添加了水滴的素材，并通过简单的文字将面霜的功效进行介

图9-60

绍，让买家有很好的理由来选择此商品。

产品信息描述区利用单纯的文字介绍了面霜的相关基本信息，一目了然。

制作痛点设计模块，是通过挖掘买家的痛点来告诉买家为什么要购买这款面霜，让买家好下决心购买。

商品功效介绍区中对面霜的核心卖点通过强烈的视觉效果展示出来，再通过图文对应的形式来强化买家关注的买点，让商品的卖点更加有说服力。

细节展示区中，通过商品的成分说明、使用方法和实拍图的展示，全方位地将商品的细节展示出来，以取得买家的信任。

2. 配色方案

整个详情页的色调延续了首页的配色，为了营造出女性的娇美，体现出面霜充沛的滋润能量，整个背景以浅红色为主，这样在风格上与首页保持统一，完整性好。案例配色如图9-61所示。

| R 255,G 255,B 255 | R 211,G 211,B 211 | R 254,G 230,B 230 | R 202,G 0,B 22 | R 0,G 0,B 0 |
| C 0,M 0,Y 0,K 0 | C 20,M 15,Y 15,K 0 | C 0,M 15,Y 7,K 0 | C 27,M 100,Y 100,K 0 | C 0,M 0,Y 0,K 100 |

图9-61

9.2.2 案例制作

1. 制作商品橱窗区

打开Photoshop软件，按"Ctrl+N"组合键，新建一个文件，开始制作化妆品详情页中的"商品橱窗区"。

新建图层组并将其命名为"商品橱窗区"。选择"矩形"工具，在属性栏中将"填充颜色"设为白色，"描边颜色"设为浅灰色（其R、G、B的值分别为211、211、211），"描边宽度"设为1点，在图像窗口中绘制一个矩形，如图9-62所示。在"图层"控制面板中生成新的形状图层"矩形1"。

按"Ctrl+O"组合键，打开网盘中的"Ch09 > 素材 > 化妆品详情页 > 01"文件，选择"移动"工具，将图片拖曳到图像窗口中适当的位置，效果如图9-63所示，在"图层"控制面板中生成新图层并将其命名为"雪景"。按"Ctrl+Alt+G"组合键，为"雪景"图层创建剪贴蒙版，图像效果如图9-64所示。

图9-62　　　图9-63　　　图9-64

按"Ctrl+O"组合键，打开网盘中的"Ch09 > 素材 > 化妆品详情页 > 02"文件，选择"移动"工具，将图片拖曳到图像窗口中适当的位置，效果如图9-65所示，在"图层"控制面板中生成新图层并将其命名为"化妆品"。

按"Ctrl+J"组合键，复制"化妆品"图层，生成新的图层"化妆品 拷贝"。按"Ctrl+T"组合键，图像周围出现变换框，将变换中心点向下拖曳到适当的位置，如图9-66所示，在变换框中单击鼠标右键，在弹出的菜单中选择"垂直翻转"命令，垂直翻转图像，按"Enter"键确定操作，效果如图9-67所示。

图9-65　　　　　　　　图9-66　　　　　　　　图9-67

单击"图层"控制面板下方的"添加图层蒙版"按钮，为"化妆品 拷贝"图层添加图层蒙版。选择"渐变"工具，单击属性栏中的"点按可编辑渐变"按钮，弹出"渐变编辑器"对话框，将渐变色设为黑色到白色，并在图像窗口中拖曳光标填充渐变色，效果如图9-68所示。

在"图层"控制面板中，将"化妆品 拷贝"图层拖曳到"化妆品"图层的下方，按"Ctrl+Alt+G"组合键，为该图层创建剪贴蒙版，图像效果如图9-69所示。

按"Ctrl+O"组合键，打开网盘中的"Ch09 > 素材 > 化妆品详情页 > 03"文件，选择"移动"工具，将图片拖曳到图像窗口中适当的位置，效果如图9-70所示，在"图层"控制面板中生成新图层并将其命名为"花瓣"。

将前景色设为红色（其R、G、B的值分别为179、0、0）。选择"横排文字"工具，在适当的位置分别输入需要的文字并选取文字，在属性栏中分别选择合适的字体并设置大小，效果如图9-71所示。在"图层"控制面板中生成新的文字图层。单击"商品橱窗区"图层组左侧的三角形图标，将"商品橱窗区"图层组中的图层隐藏。

图9-68　　　　　　图9-69　　　　　　图9-70　　　　　　图9-71

2. 制作广告海报

接下来制作化妆品详情页中的"广告海报"。新建图层组并将其命名为"广告海报"。选择"矩形"工具 <kbd>▣</kbd>，在属性栏中将"填充颜色"设为粉红色（其R、G、B的值分别为254、230、230），"描边颜色"设为无，在图像窗口中绘制一个矩形，如图9-72所示。在"图层"控制面板中生成新的形状图层并将其命名为"色块"。

按"Ctrl+O"组合键，打开网盘中的"Ch09 > 素材 > 化妆品详情页 > 04"文件，选择"移动"工具 <kbd>▶+</kbd>，将图片拖曳到图像窗口中适当的位置，效果如图9-73所示，在"图层"控制面板中生成新图层并将其命名为"天空"。

图9-72   图9-73

按"Ctrl+Alt+G"组合键，为"天空"图层创建剪贴蒙版，图像效果如图9-74所示。在"图层"控制面板上方，将"天空"图层的混合模式选项设为"叠加"，图像效果如图9-75所示。

图9-74   图9-75

单击"图层"控制面板下方的"添加图层蒙版"按钮 <kbd>▣</kbd>，为"天空"图层添加图层蒙版。将前景色设为黑色。选择"画笔"工具 <kbd>✎</kbd>，在属性栏中单击"画笔"选项右侧的按钮 <kbd>·</kbd>，在弹出的画笔面板中选择需要的画笔形状，如图9-76所示；在属性栏中将"不透明度"选项设为60%，在图像窗口中进行涂抹，擦除不需要的部分，效果如图9-77所示。

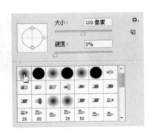

图9-76   图9-77

按"Ctrl+O"组合键，打开网盘中的"Ch09 > 素材 > 化妆品详情页 > 02、05"文件，选择"移动"工具▶⊹，分别将图片拖曳到图像窗口中适当的位置，效果如图9-78所示，在"图层"控制面板中分别生成新图层并将其命名为"化妆品1""花瓣1"。

单击"图层"控制面板下方的"创建新的填充或调整图层"按钮●.，在弹出的菜单中选择"色相/饱和度"命令，在"图层"控制面板中生成"色相/饱和度1"图层，同时在弹出的"色相/饱和度"面板中单击"此调整影响下面所有图层"按钮◁□使其显示为"此调整剪切到此图层"按钮◁□，其他选项设置如图9-79所示，按"Enter"键确认操作，效果如图9-80所示。

图9-78 　　　　　　　　　　图9-79 　　　　　　　　　　图9-80

按"Ctrl+O"组合键，打开网盘中的"Ch09 > 素材 > 化妆品详情页 > 03、06、07、08"文件，选择"移动"工具▶⊹，将图片分别拖曳到图像窗口中适当的位置，效果如图9-81所示，在"图层"控制面板中分别生成新图层并将其命名为"花瓣2""花瓣3""星光"和"泡泡"。

在"图层"控制面板上方，将"泡泡"图层的混合模式选项设为"滤色"，图像效果如图9-82所示。

图9-81 　　　　　　　　　　　　图9-82

单击"图层"控制面板下方的"添加图层样式"按钮 fx.，在弹出的菜单中选择"颜色叠加"命令，弹出对话框，将叠加颜色设为红色（其R、G、B的值分别为255、0、0），其他选项的设置如图9-83所示，单击"确定"按钮，效果如图9-84所示。

将前景色设为红色（其R、G、B的值分别为202、0、22）。选择"横排文字"工具T，在适当的位置输入需要的文字并选取文字，在属性栏中选择合适的字体并设置文字大小，效果如图9-85所示。在"图层"控制面板中生成新的文字图层。使用相同方法制作其他气泡效果，如图9-86所示。

图9-83

图9-84

将前景色设为浅黑色（其R、G、B的值分别为34、34、34）。选择"横排文字"工具 T，在适当的位置分别输入需要的文字并选取文字，在属性栏中分别选择合适的字体并设置文字大小，效果如图9-87所示。在"图层"控制面板中生成新的文字图层。

图9-85

图9-86

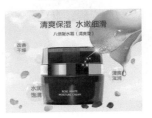

图9-87

单击"图层"控制面板下方的"添加图层样式"按钮 *fx.*，在弹出的菜单中选择"描边"命令，弹出对话框，将描边颜色设为白色，其他选项的设置如图9-88所示，单击"确定"按钮，效果如图9-89所示。

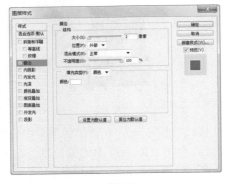

图9-88

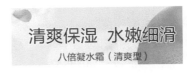

图9-89

单击"图层"控制面板下方的"添加图层样式"按钮 *fx.*，在弹出的菜单中选择"渐变叠加"命令，弹出对话框，单击"点按可编辑渐变"按钮 ，弹出"渐变编辑器"对话框，在"位置"选项中分别输入0、50、100三个位置点，设置三个位置点颜色的RGB值分别为0（202、0、22）、50（255、0、102）、100（202、0、22），如图9-90所示，单击"确定"按钮，返回到"渐变叠加"对话框，其他选项的设置如图9-91所示。单击"确定"按钮，效果如图9-92所示。

单击"广告海报"图层组左侧的三角形图标▼，将"广告海报"图层组中的图层隐藏。

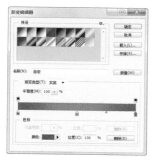

图9-90　　　　　　　　　　　　图9-91　　　　　　　　　　　　图9-92

3. 制作产品信息

接下来制作化妆品详情页中的"产品信息"。新建图层组并将其命名为"产品信息"。复制"广告海报"区域的色块和天空图片，并调整其位置和大小，效果如图9-93所示。

选择"矩形"工具▣，在属性栏中将"填充颜色"设为肤色（其R、G、B的值分别为253、230、221），"描边颜色"设为无，在图像窗口中绘制一个矩形，如图9-94所示。在"图层"控制面板中生成新的形状图层"矩形3"。

图9-93　　　　　　　　　　　　　　　图9-94

单击"图层"控制面板下方的"添加图层样式"按钮 fx，在弹出的菜单中选择"图案叠加"命令，弹出对话框，单击"图案"选项右侧的按钮·，弹出图案选择面板，单击面板右上方的按钮✿，在弹出的菜单中选择"艺术表面"选项，弹出提示对话框，单击"追加"按钮。在图案选择面板中选择需要的图案，如图9-95所示，返回到"图案叠加"对话框，其他选项的设置如图9-96所示。单击"确定"按钮，效果如图9-97所示。

选择"矩形"工具▣，在属性栏中将"填充颜色"设为无，"描边颜色"设为浅黑色（其R、G、B的值分别为34、34、34），"描边宽度"设为1点，在图像窗口中绘制一个矩形，如图9-98所示。在"图层"控制面板中生成新的形状图层"矩形4"。

将前景色设为褐色（其R、G、B的值分别为81、33、13）。选择"横排文字"工具T，在适当的位置分别输入需要的文字并选取文字，在属性栏中分别选择合适的字体并设置大小，效果如图9-99所示。在"图层"控制面板中生成新的文字图层。

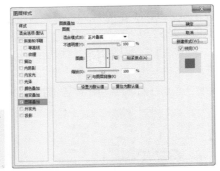

图9-95

图9-96

图9-97

　　将前景色设为浅黑色（其R、G、B的值分别为34、34、34）。选择"横排文字"工具 T.，在适当的位置分别输入需要的文字并选取文字，在属性栏中分别选择合适的字体并设置文字大小，效果如图9-100所示。在"图层"控制面板中生成新的文字图层。

　　选择"横排文字"工具 T.，分别选取需要的文字，在属性栏中将"文本颜色"设为红色（其R、G、B的值分别为202、0、22），填充文字，效果如图9-101所示。单击"产品信息"图层组左侧的三角形图标 ▼，将"产品信息"图层组中的图层隐藏。

图9-98　　　　　　图9-99　　　　　　图9-100　　　　　　图9-101

4. 制作痛点设计

　　接下来制作化妆品详情页中的"痛点设计"。新建图层组并将其命名为"痛点设计"。复制"广告海报"区域的色块、天空图片和标题，调整其位置和大小，并修改标题文字，如图9-102所示。

　　选择"矩形"工具 ■，在属性栏中将"填充颜色"设为黑色，"描边颜色"设为无，在图像窗口中绘制一个矩形，如图9-103所示。在"图层"控制面板中生成新的形状图层"矩形5"。

图9-102　　　　　　　　　　　　　　图9-103

单击"图层"控制面板下方的"添加图层样式"按钮 *fx.*，在弹出的菜单中选择"图案叠加"命令，弹出对话框，单击"图案"选项右侧的按钮，弹出图案选择面板，单击面板右上方的按钮 ✿.，在弹出的菜单中选择"彩色纸"选项，弹出提示对话框，单击"追加"按钮。在图案选择面板中选择需要的图案，如图9-104所示，返回到"图案叠加"对话框，其他选项的设置如图9-105所示。单击"确定"按钮，效果如图9-106所示。

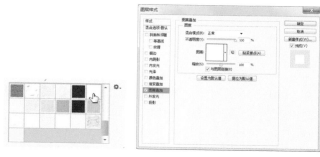

图9-104	图9-105	图9-106

选择"钢笔"工具 ✐.，在属性栏的"选择工具模式"选项中选择"形状"，将"填充颜色"设为深灰色（其R、G、B的值分别为93、93、93），"描边颜色"设为无，在图像窗口中绘制形状，如图9-107所示。在"图层"控制面板中生成新的形状图层"形状1"。

选择"滤镜 > 模糊 > 高斯模糊"命令，在弹出的对话框中进行设置，如图9-108所示，单击"确定"按钮，效果如图9-109所示。

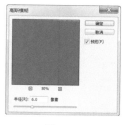

图9-107	图9-108	图9-109

在"图层"控制面板中，将"形状1"图层拖曳到"矩形5"图层的下方，图像效果如图9-110所示。选中"矩形5"图层，选择"图层 > 栅格化 > 图层样式"命令，将带有图层样式的图层转化为图像图层。

选择"钢笔"工具 ✐.，在属性栏中将"填充颜色"设为灰色（其R、G、B的值分别为210、200、198），"描边颜色"设为无，在图像窗口中绘制三角形状，如图9-111所示。在"图层"控制面板中生成新的形状图层"形状2"。

按"Ctrl+J"组合键，复制"形状2"图层，生成新的图层"形状2 拷贝"。按"Ctrl+T"组合键，图像周围出现变换框，在变换框中单击鼠标右键，在弹出的菜单中选择"旋转180度"命令，将形状旋转180度，并向下拖曳到适当的位置，按"Enter"键确定操作，效果如图9-112所示。

图9-110

图9-111

图9-112

在"图层"控制面板中，按住"Shift"键的同时，单击"形状2"图层将其同时选取。按"Ctrl+Alt+G"组合键，为选中图层创建剪贴蒙版，图像效果如图9-113所示。

按"Ctrl+O"组合键，打开网盘中的"Ch09 > 素材 > 化妆品详情页 > 09～12"文件，选择"移动"工具 ，将图片分别拖曳到图像窗口中适当的位置，效果如图9-114所示，在"图层"控制面板中分别生成新图层并将其命名为"水分流失""干燥缺水""肌肤受损"和"肌肤粗糙"。单击"痛点设计"图层组左侧的三角形图标 ，将"痛点设计"图层组中的图层隐藏。

图9-113

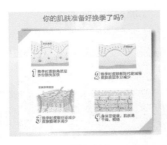

图9-114

接下来再新建一个图层组并将其命名为"肌肤缺水"。复制"广告海报"区域的色块和天空图片，并调整其位置和大小，如图9-115所示。复制"痛点设计"区域的标题文字，并修改标题文字，如图9-116所示。

图9-115

图9-116

选择"椭圆"工具 ，在属性栏中将"填充颜色"设为无，"描边颜色"设为玫红色（其R、G、B的值分别为229、0、79），"描边宽度"设为3点，按住"Shift"键的同时，在图像窗口中绘制一个圆形，如图9-117所示。在"图层"控制面板中生成新的形状图层"椭圆1"。

按"Ctrl+O"组合键，打开网盘中的"Ch09 > 素材 > 化妆品详情页 > 13"文件，选择"移动"工具 ⊕，将图片拖曳到图像窗口中适当的位置，效果如图9-118所示，在"图层"控制面板中生成新图层并将其命名为"肤色暗沉"。

图9-117   图9-118

将前景色设为红色（其R、G、B的值分别为205、0、26）。选择"横排文字"工具 T，在适当的位置输入需要的文字并选取文字，在属性栏中选择合适的字体并设置文字大小，效果如图9-119所示。在"图层"控制面板中生成新的文字图层。

选择"直线"工具 ∠，在属性栏中将"填充颜色"设为灰色（其R、G、B的值分别为214、214、214），"粗细"选项设为1像素，按住"Shift"键的同时，在图像窗口中绘制竖线，效果如图9-120所示。在"图层"控制面板中生成新的形状图层"形状3"。

使用相同的方法置入其他素材并制作图9-121所示的效果。单击"肌肤缺水"图层组左侧的三角形图标 ▼，将"肌肤缺水"图层组中的图层隐藏。

图9-119   图9-120   图9-121

5. 制作商品功效介绍区

接下来制作化妆品详情页中的"商品功效介绍区"。新建图层组并将其命名为"商品功效介绍区"。复制"广告海报"区域的色块、化妆品、气泡和标题，调整其位置和大小，并修改标题文字，如图9-122所示。

按"Ctrl+O"组合键，打开网盘中的"Ch09 > 素材 > 化妆品详情页 > 14"文件，选择"移动"工具 ⊕，将图片拖曳到图像窗口中适当的位置，效果如图9-123所示，在"图层"控制面板中生成新图层并将其命名为"水花"。

单击"图层"控制面板下方的"添加图层样式"按钮 fx，在弹出的菜单中选择"颜色叠加"命令，弹出对话框，将叠加颜色设为红色（其R、G、B的值分别为255、0、0），其他选项的设置如图9-124所示，单击"确定"按钮，效果如图9-125所示。

单击"图层"控制面板下方的"添加图层蒙版"按钮 ▣，为"水花"图层添加图层蒙版。将前景色设为黑色。选择"画笔"工具 ，在属性栏中将"不透明度"选项设为100%，在图像窗口中进行涂抹，擦除不需要的部分，效果如图9-126所示。

图9-122   图9-123   图9-124   图9-125

在"图层"控制面板中，将"水花"图层拖曳到"化妆品1 拷贝"图层的下方，图像效果如图9-127所示。

使用相同的方法置入素材并制作图9-128所示的效果。新建图层组并将其命名为"图片信息"。选择"圆角矩形"工具 ，在属性栏中将"填充颜色"设为白色，"描边颜色"设为无，"半径"设为10像素，在图像窗口中绘制一个圆角矩形，如图9-129所示。在"图层"控制面板中生成新的形状图层"圆角矩形1"。

图9-126   图9-127   图9-128   图9-129

单击"图层"控制面板下方的"添加图层样式"按钮 ，在弹出的菜单中选择"描边"命令，弹出对话框，将描边颜色设为白色，其他选项的设置如图9-130所示；选择"投影"选项，切换到相应的对话框中进行设置，如图9-131所示，单击"确定"按钮，效果如图9-132所示。

图9-130   图9-131   图9-132

按"Ctrl+O"组合键，打开网盘中的"Ch09 > 素材 > 化妆品详情页 > 15"文件，选择"移动"工具 ▶+，将图片拖曳到图像窗口中适当的位置，效果如图9-133所示，在"图层"控制面板中生成新图层并将其命名为"持久保湿"。按"Ctrl+Alt+G"组合键，为"持久保湿"图层创建剪贴蒙版，图像效果如图9-134所示。

在"图层"控制面板中，按住"Shift"键的同时，单击"圆角矩形1"图层将其同时选取。按"Ctrl+T"组合键，在图像周围出现变换框，将指针放在变换框的控制手柄外边，指针变为旋转图标 ↰，拖曳鼠标将图像旋转到适当的角度，按"Enter"键确定操作，效果如图9-135所示。

图9-133　　　　　　　图9-134　　　　　　　图9-135

将前景色设为浅黑色（其R、G、B的值分别为34、34、34）。选择"横排文字"工具 T，在适当的位置分别输入需要的文字并选取文字，在属性栏中分别选择合适的字体并设置文字大小，效果如图9-136所示。在"图层"控制面板中生成新的文字图层。

选择"横排文字"工具 T，分别选取需要的文字，在属性栏中将"文本颜色"设为暗红色（其R、G、B的值分别为151、0、0），填充文字，效果如图9-137所示。

使用相同的方法置入其他素材并制作图9-138所示的效果。单击"商品功效介绍区"图层组左侧的三角形图标 ▼，将"商品功效介绍区"图层组中的图层隐藏。

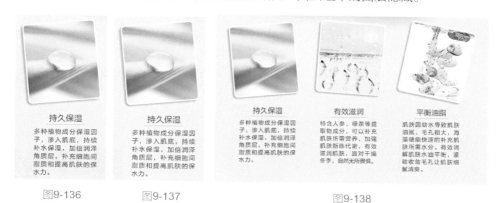

图9-136　　　　　　　图9-137　　　　　　　　　　　图9-138

6. 制作商品成分说明

接下来制作化妆品详情页中的"商品成分说明"。新建图层组并将其命名为"商品成分说明"。复制"广告海报"区域的色块和标题，调整其大小，并修改标题文字，如图9-139所示。

按"Ctrl+O"组合键，打开网盘中的"Ch09 > 素材 > 化妆品详情页 > 16"文件，选择"移动"工具 ，将图片拖曳到图像窗口中适当的位置，效果如图9-140所示，在"图层"控制面板中生成新图层并将其命名为"银耳"。

　　单击"图层"控制面板下方的"添加图层样式"按钮 ，在弹出的菜单中选择"描边"命令，弹出对话框，将描边颜色设为深红色（其R、G、B的值分别为132、0、0），其他选项的设置如图9-141所示，单击"确定"按钮，效果如图9-142所示。

| 图9-139 | 图9-140 | 图9-141 | 图9-142 |

　　将前景色设为浅黑色（其R、G、B的值分别为34、34、34）。选择"横排文字"工具 ，在适当的位置输入需要的文字并选取文字，在属性栏中选择合适的字体并设置大小，效果如图9-143所示。在"图层"控制面板中生成新的文字图层。

　　使用相同的方法置入其他素材并制作图9-144所示的效果。单击"商品成分说明"图层组左侧的三角形图标 ，将"商品成分说明"图层组中的图层隐藏。

7. 制作商品使用方法

　　接下来制作化妆品详情页中的"商品使用方法"。新建图层组并将其命名为"商品使用方法"。复制"广告海报"区域的色块和标题，调整其大小，并修改标题文字，如图9-145所示。

　　选择"圆角矩形"工具 ，在属性栏中将"填充颜色"设为黑色，"描边颜色"设为无，"半径"设为10像素，在图像窗口中绘制一个圆角矩形，如图9-146所示。在"图层"控制面板中生成新的形状图层"圆角矩形2"。

| 图9-143 | 图9-144 | 图9-145 | 图9-146 |

　　单击"图层"控制面板下方的"添加图层样式"按钮 ，在弹出的菜单中选择"图案叠加"命令，弹出对话框，单击"图案"选项右侧的按钮 ，在弹出的图案选择面板中选择需要的图案，如图9-147所示，返回到"图案叠加"对话框，其他选项的设置如图9-148所示；选择"投影"选项，切换到相应的对话框中进行设置，如图9-149所示，单

击"确定"按钮，效果如图9-150所示。

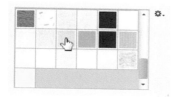

图9-147

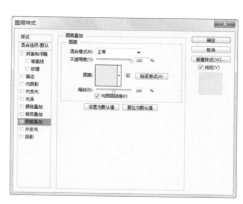

图9-148

图9-149

图9-150

　　按"Ctrl+O"组合键，打开网盘中的"Ch09 > 素材 > 化妆品详情页 > 17"文件，选择"移动"工具，将图片拖曳到图像窗口中适当的位置，效果如图9-151所示，在"图层"控制面板中生成新图层并将其命名为"图片1"。将该图层的混合模式选项设为"正片叠底"，图像效果如图9-152所示。

图9-151

图9-152

　　选择"椭圆"工具，在属性栏中将"填充颜色"设为黄绿色（其R、G、B的值分别为90、73、9），"描边颜色"设为无，按住"Shift"键的同时，在图像窗口中绘制一个圆形，如图9-153所示。在"图层"控制面板中生成新的形状图层"椭圆2"。

　　将前景色设为白色。选择"横排文字"工具 T，在适当的位置输入需要的文字并选取文字，在属性栏中选择合适的字体并设置文字大小，效果如图9-154所示。在"图层"控制面板中生成新的文字图层。

　　将前景色设为浅黑色（其R、G、B的值分别为145、145、145）。选择"横排文字"工具 T，在适当的位置分别输入需要的文字并选取文字，在属性栏中分别选择合适的字体并设置文字大小，效果如图9-155所示。在"图层"控制面板中生成新的文字图层。选取需要的文字，在属性栏中将"文本颜色"设为黄绿色（其R、G、B的值分别为90、73、9），填充文字，效果如图9-156所示。

图9-153

图9-154

图9-155

图9-156

　　使用相同方法置入其他素材并制作图9-157所示的效果。单击"商品使用方法"图层组左侧的三角形图标 ▼，将"商品使用方法"图层组中的图层隐藏。

图9-157

8. 制作商品实拍图

　　接下来制作化妆品详情页中的"商品实拍图"。新建图层组并将其命名为"商品实拍图"。复制"广告海报"区域的色块和标题，调整其大小，并修改标题文字，如图9-158所示。

　　选择"矩形"工具 ▣，在属性栏中将"填充颜色"设为白色，"描边颜色"设为无，在图像窗口中绘制一个矩形，如图9-159所示。在"图层"控制面板中生成新的形状图层"矩形6"。

图9-158   图9-159

单击"图层"控制面板下方的"添加图层样式"按钮 **fx.** ，在弹出的菜单中选择"描边"命令，弹出对话框，将描边颜色设为灰色（其R、G、B的值分别为201、201、201），其他选项的设置如图9-160所示；选择"投影"选项，切换到相应的对话框中进行设置，如图9-161所示，单击"确定"按钮，效果如图9-162所示。

图9-160   图9-161   图9-162

按"Ctrl+O"组合键，打开网盘中的"Ch09 > 素材 > 化妆品详情页 > 02"文件，选择"移动"工具 **▶+** ，将图片拖曳到图像窗口中适当的位置，效果如图9-163所示，在"图层"控制面板中生成新图层并将其命名为"化妆品2"。使用相同方法置入其他素材并制作图9-164所示的效果。

将前景色设为灰色（其R、G、B的值分别为71、71、71）。选择"横排文字"工具 **T.** ，在适当的位置分别输入需要的文字并选取文字，在属性栏中分别选择合适的字体并设置文字大小，效果如图9-165所示。在"图层"控制面板中生成新的文字图层。选取需要的文字，在属性栏中将"文本颜色"设为红色（其R、G、B的值分别为130、0、0），填充文字，效果如图9-166所示。

Photoshop CC 淘宝网店设计与装修实战

图9-163　　　　　图9-164　　　　　图9-165　　　　　图9-166

9.3　课后习题——制作女式箱包网店详情页

【习题设计要点】以时尚女包为素材，设计一个女式箱包店铺的详情页。要求首先对女包素材进行抠图，然后再制作商品主图、广告海报、产品信息、实物对比图、各角度展示和产品细节区等内容，并且使用Z字形进行布局，具体效果如图9-167所示。

【习题知识要点】使用钢笔工具抠出商品图像，使用新建、置入和导出命令制作主图，使用创建剪贴蒙版命令、描边样式、填充命令和横排文字工具制作广告海报，使用矩形工具、直线工具、横排文字工具、不透明度命令制作基本信息、商品实拍图与细节图。

【素材所在位置】网盘/Ch09/素材/制作女式箱包网店详情页/01～18。

【效果所在位置】网盘/Ch09/效果/制作女式箱包网店详情页.psd。

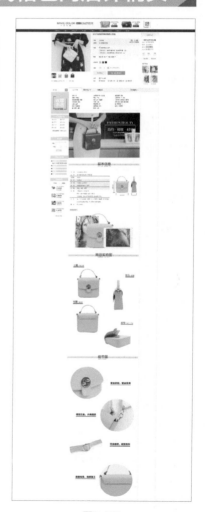

图9-167